页岩气井油层套管
变形机理及防治技术

佘朝毅　杨　建　张华礼　李文哲　张　林◎等编著

石油工业出版社

内 容 提 要

本书以四川页岩气井为研究对象，分析了油层套管变形井的地质特征和工程特征，通过大量现场数据分析，揭示了导致页岩气井油层套管变形的主控因素。从岩石力学和地应力方面研究了体积压裂对井周应力的影响，通过开展挤压变形试验研究了套管变形特征，并建立了有限元分析模型，对复杂工况下套管受力与变形开展了计算分析，评估了在体积压裂条件下套管失效的风险。书中还介绍了套管变形的预测、控制技术和套管变形修复技术。

本书可作为钻井、完井、采油和修井等专业工程技术人员参考用书。

图书在版编目（CIP）数据

页岩气井油层套管变形机理及防治技术 / 佘朝毅等编著 . —北京：石油工业出版社，2024.1

ISBN 978-7-5183-6499-2

Ⅰ. ① 页… Ⅱ. ① 佘… Ⅲ. ① 油页岩 – 油气井 – 油层套管 – 套管损坏 – 研究 – 四川 ② 油页岩 – 油气井 – 油层套管 – 套管损坏 – 研究 – 重庆 Ⅳ. ① TE931

中国国家版本馆 CIP 数据核字（2023）第 256833 号

出版发行：石油工业出版社
　　　　　（北京安定门外安华里 2 区 1 号　　100011）
　　　　　网　　址：www.petropub.com
　　　　　编辑部：（010）64523535　　图书营销中心：（010）64523633
经　　销：全国新华书店
印　　刷：北京中石油彩色印刷有限责任公司

2024 年 1 月第 1 版　　2024 年 1 月第 1 次印刷
787×1092 毫米　　开本：1/16　　印张：11
字数：245 千字

定价：110.00 元
（如出现印装质量问题，我社图书营销中心负责调换）

前　言

页岩气是富有机质页岩中产出的非常规天然气，页岩具有异常低孔隙度、低渗透率特点，因此，丛式水平井长水平段与大规模的多级水力压裂是页岩气开发的基本方式。2009 年以来，随着体积压裂技术的成熟和大规模的推广应用，页岩气开发井单井产量大幅度增加，产生了较好的经济效益。但在四川长宁—威远国家级页岩气示范区超过 30% 以上的水平井在水力压裂过程中出现了套管变形，这不仅导致压裂段数减少和单井产量下降，同时也使井的完整性出现问题，从而缩短了井的生命周期，严重制约着该地区页岩气的高效开发。

针对严重的页岩气水平井套管变形问题，中国石油西南油气田公司集合了国内外地质、工程多方团队，开展了多年持续攻关，基本摸清了体积压裂致套管变形的机理，完善了系列技术和管理措施，在实践中不断发展和完善页岩气水平井套管变形防控技术，套管变形发生率已经显著降低。

本书由中国石油西南油气田公司工程技术研究院组织编写完成，整合了中国石油西南油气田公司、中国石油集团东方地球物理勘探有限责任公司、中国石油集团工程技术研究院有限公司、中国石油大学（北京）和中国石油大学（华东）近 8 年研究成果，全面介绍了四川长宁—威远国家级页岩气示范区套管变形情况及特征，从地质和工程两方面阐述了页岩气油层套管变形的机理，并总结了页岩气油层套管变形的防控技术。

本书由佘朝毅任主编，杨建、张华礼、李文哲、张林任副主编，参加编写的有周浪、李玉飞、唐庚、何轶果、卢亚锋、汪传磊、彭杨、朱达江、陆林峰、彭庚、王汉、龚浩、马梓瀚、梁邦治、田璐、黄浩然、谭舒荔、段蕴琦、姚敏、王海波、张怡然等。在编写和审稿过程中，得到了张智、丁亮亮等的指导和审阅，在此，致以衷心的感谢。

由于编者水平有限，书中难免存在不妥之处，恳请读者批评指正。

目 录

第 一 章

四川页岩气开发概况

页岩是指由黏土和极细粒矿物堆积并固化形成的藻页状或藻片状节理十分发育的岩石，多沉积于无波浪扰动的海洋、湖泊等稳定环境，一般含丰富有机物，是生油气母岩。页岩气以游离和吸附方式存在于页岩微纳米级孔隙，需要人工改造才能有工业性天然气流，故页岩气藏又称"人工气藏"。页岩气具有初期产量较高、衰减快、后期低产且生产时间长的特点。随着页岩气工业技术水平的不断进步，美国页岩气产量大幅提升，产量从 2005 年的 $204 \times 10^8 m^3$ 增长到 2018 年的 $6072 \times 10^8 m^3$，占天然气总产量的 71%，年均复合增长率为 27%[1]。

以页岩气为代表的非常规油气资源的成功开发，标志着油气工业理论与技术的重大突破和创新，极大地拓展了油气勘探开发的资源领域。近年来，中国页岩气勘探开发取得重大突破，成为北美之外第一个实现规模化商业开发页岩气的国家。加快页岩气勘探开发，提高天然气在一次能源消费中的比例，是加快建设清洁低碳、安全高效的现代能源体系的必由之路，也是化解环境约束、改善大气质量、实现绿色低碳发展的有效途径。中国目前已在上扬子区五峰组—龙马溪组 4 个"甜点区"建成涪陵、长宁—威远等千亿立方米级的海相页岩大气田，2018 年产量达到 $108 \times 10^8 m^3$。

第一节　四川页岩气开发历程

中国页岩气勘探起步相对较晚，自 2005 年开始，国土资源部油气资源战略咨询中心联合国内石油公司和高等院校开展了规模性的页岩气前期资源潜力研究和选区评价工作，根据中国海相页岩气的勘探开发历程，可以将其划分为 4 个阶段。

一、评层选区阶段（2007—2009 年）

2007 年，中国石油与美国新田石油公司合作，开展了威远地区寒武系筇竹寺组页岩气资源潜力评价与开发可行性研究。2008 年，中国石油勘探开发研究院在川南地区长宁构造志留系龙马溪组露头区钻探了中国第一口页岩气地质评价浅井——CX1 井。2009 年，国土资源部启动了"全国页岩气资源潜力调查评价与有利区优选"项目，对中国陆上页岩气资源潜力进行系统评价。与此同时，中国石油与壳牌石油公司在富顺—永川地区开展了中国第一个页岩气国际合作勘探开发项目。

二、先导试验阶段（2010—2013 年）

2010 年开始，中国页岩气勘探开发陆续获得单井突破。2010 年 4 月，中国石油在威远地区完钻中国第 1 口页岩气评价井——W201 井，经压裂获得了工业性页岩气流。2011 年，国土资源部正式将页岩气列为中国第 172 种矿产，按独立矿种进行管理。2012 年 4 月，中国石油在长宁地区钻获第一口具有商业价值页岩气井——N201-H1 井，该井测试获得日产气 $15 \times 10^4 m^3$，实现了中国页岩气商业性开发的突破。2012 年 11 月 28 日，中国石油化工股份有限公司（以下简称中国石化）在川东南焦石坝区块完钻的 JY1HF 井在五峰组—龙马溪组获得页岩气测试产量 $20.3 \times 10^4 m^3$，正式宣告了涪陵页岩气田的发现。

三、示范区建设阶段（2014—2016 年）

2014 年，中国石化焦石坝区块提交中国首个页岩气探明地质储量 $1067.5 \times 10^8 m^3$，实现了中国页岩气探明储量零的突破。

自 2014 年开始，中国页岩气产量呈现阶梯式快速增长的态势，2014 年中国页岩气产量跃升至 $13.1 \times 10^8 m^3$，2015 年和 2016 年产量分别达 $45.4 \times 10^8 m^3$ 和 $78.9 \times 10^8 m^3$。2015 年在威远 W202 井区、长宁 N201—黄金坝 YS108 井区及涪陵页岩气田累计提交探明页岩气地质储量 $5441.3 \times 10^8 m^3$。中国石油西南油气田公司建成第一个日产气量超百万立方米的页岩气平台——CNH6 平台，在四川盆地及其周缘逐渐形成了涪陵、长宁、威远和昭通 4 个国家级海相页岩气开发示范区，页岩气探明储量及产量逐年增长迅速。

四、工业化开采阶段（2017 年至今）

2017 年，涪陵页岩气田如期建成百亿立方米产能，相当于建成千万吨级的大油田，

2017 年全年产量超过 $60 \times 10^8 m^3$。同年，中国石油西南油气田公司 CNH10-3 井单井页岩气产量突破 $1 \times 10^8 m^3$。2017 年全年中国页岩气产量超过加拿大（$52.1 \times 10^8 m^3$），成为世界第二大页岩气生产国。截至 2018 年底，累计完钻井数 898 口，提交探明页岩气地质储量超过 $1 \times 10^{12} m^3$，2018 年全年页岩气产量超过 $108 \times 10^8 m^3$。

第二节　地质概况

一、长宁区块基本地质条件

（一）构造及断层特征

区域构造上，长宁区块位于川南地区低陷构造带和娄山褶皱带交界处。

长宁区块发育向斜构造及多个不同规模的背斜构造，其中建武向斜为一近东西向宽缓向斜，为目前主力建产区；背斜构造中长宁背斜构造规模最大，其核部在喜马拉雅山期遭受剥蚀而出露中寒武统，背斜轴向整体呈北西西—南东东向，南西翼较平缓，北东翼较陡（图 1-1）。受多期构造影响，长宁区块五峰组—龙马溪组主要发育北东—南西向和近东西向两组断裂体系，均为逆断层，断层规模以中小断层为主，多数消失在志留系内部。

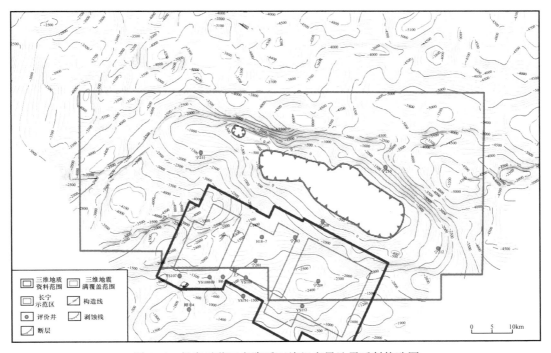

图 1-1　长宁示范区奥陶系五峰组底界地震反射构造图

（二）地层及沉积特征

1. 地层层序

长宁区块除缺失泥盆系和石炭系外，其余地层层序正常，主要钻遇侏罗系—奥陶系。其中，上奥陶统五峰组—下志留统龙马溪组为连续沉积地层，是现阶段页岩气勘探开发的目标层系。

长宁背斜受喜马拉雅山运动影响遭受剥蚀，其核部出露中寒武统，现今龙马溪组残余厚度主要为200～350m，五峰组厚度一般介于2～13m。

2. 目的层埋深

长宁区块五峰组底界埋深主要介于1500～4000m，长宁背斜及南翼地区埋深普遍小于3500m，背斜以北和以西埋深逐渐增大。

3. 沉积特征与小层划分

川南地区在五峰组—龙马溪组沉积期处于乐山—龙女寺古隆起和黔中古陆所夹持的钙质—粉砂质深水泥棚相沉积环境。依据沉积旋回可将龙马溪组自下而上分为龙一段和龙二段，按照次级旋回和岩性特征将龙一段细分为龙一$_1$和龙一$_2$等两个亚段，龙一$_1$亚段进一步划分为龙一$_1^1$、龙一$_1^2$、龙一$_1^3$和龙一$_1^4$等4个小层（表1-1），五峰组—龙一$_1$亚段是目前开发的目的层段。

（三）储层特征

1. 岩石矿物特征

五峰组—龙一$_1$亚段主要为呈薄层或块状产出的暗色或黑色细颗粒的泥页岩，在化学成分、矿物组成、古生物、结构和沉积构造上丰富多样。储层岩石类型主要为含放射虫碳质笔石页岩、碳质笔石页岩、含骨针放射虫笔石页岩、含碳含粉砂泥页岩、含碳质笔石页岩以及含粉砂泥岩。

页岩矿物组成以硅质矿物（石英、长石）为主，含量介于10.2%～89.9%，平均占50.9%；其次是方解石和白云石，平均含量分别为16.2%和10.4%；黄铁矿含量小于5%；黏土矿物平均含量20.5%，以伊利石和伊/蒙混层为主，其次为绿泥石，不含蒙皂石。

脆性矿物主要包括石英、长石和碳酸盐矿物（方解石、白云石），其含量直接关系到泥页岩的可改造性，脆性矿物含量越高，页岩脆性越强，越容易在外力作用下形成裂缝，利于压裂改造。长宁区块五峰组—龙一$_1$亚段各小层脆性矿物含量均值介于65.5%～80.4%。整体而言，脆性矿物含量均呈现自上而下逐渐增高的特点，五峰组、龙一$_1^1$小层和龙一$_1^2$小层含量较高，龙一$_1^3$小层和龙一$_1^4$小层含量较低。

2. 有机地化特征

五峰组—龙一$_1$亚段各小层TOC均值介于2.7%～5.8%。页岩干酪根类型以Ⅰ型为主，组分以腐泥组和沥青组为主，其中腐泥组含量为78%～90%，沥青组含量为

10%～22%，不含壳质组、镜质组和惰质组。有机质成熟度指标镜质组反射率 R_o 分布在 2.6%～3.2%，达到高—过成熟阶段，以产干气为主。

表 1-1　五峰组—龙马溪组小层划分方案

地层				特征	厚度范围（m）
系	组	段	小层		
志留系	龙马溪组	龙二段		龙二段底部灰黑色页岩与下伏龙一段黑色页岩—灰色粉砂质页岩相间的韵律层分界	100～250
		龙一段	龙一$_2$亚段	岩性以龙一$_2$亚段底部深灰色页岩与下伏龙一$_1$亚段灰黑色页岩分界，GR 和 AC 整体低于五峰组—龙一$_1$亚段，DEN 整体高于五峰组—龙一$_1$亚段，TOC 进入五峰组—龙一$_1$亚段整体高于 2%	100～150
			龙一$_1^4$小层	厚度大，GR 为相对龙一$_1^3$小层低平的箱形，GR 介于 140～180API，AC、CNL 和 TOC 低于龙一$_1^3$小层，DEN 高于龙一$_1^3$小层	6～25
			龙一$_1^3$小层	标志层，黑色碳质、硅质页岩，GR 陀螺形凸出于龙一$_1^4$小层和龙一$_1^2$小层，GR 介于 160～270API，高 AC，低 DEN，TOC 与 GR 形态相似	3～9
			龙一$_1^2$小层	厚度较大，黑色碳质页岩，GR 相对龙一$_1^3$小层、龙一$_1^1$小层呈低平类箱形特征，与龙一$_1^4$小层类似，GR 为 140～180API，TOC 分布稳定，低于龙一$_1^1$小层、龙一$_1^3$小层	4～11
			龙一$_1^1$小层	标志层，黑色碳质、硅质页岩，GR 在底部出现龙马溪组内最高值，在 170～500API，GR 最高值下半幅点为龙一$_1^1$小层底界	1～4
奥陶系	五峰组			顶界为观音桥段介壳灰岩，厚度不足 1m，以下为五峰组碳质硅质页岩；界限为 GR 指状尖峰下半幅点，高 GR 划入龙马溪组	0.5～15

注：GR—自然伽马；AC—声波时差；DEN—密度；TOC—总有机碳。

3. 储集物性特征

五峰组—龙一$_1$亚段页岩储层储集空间可划分为孔隙和微裂缝两大类。通过大量岩心、薄片及扫描电镜的观察分析，区内五峰组—龙马溪组页岩裂缝较发育，根据成因可分为构造缝、成岩缝、溶蚀缝及生烃缝。孔隙按成因可分为有机孔和无机孔（粒间孔、粒内溶孔、晶内溶孔、晶间孔、生物孔）等。长宁地区有机孔发育，孔径主要分布在 15～400nm，龙一$_1^1$小层介孔—宏孔均衡发育，且不同孔径有机孔彼此连通性较好，孔隙网络发育；龙一$_1^2$小层有机孔和无机孔均不发育，孔隙网络不发育，连通性较差；龙一$_1^3$小层有机孔发育，且以大宏孔为主，孔隙网络发育，连通性较好；龙一$_1^4$小层有机孔不发育。

五峰组—龙一$_1$亚段各小层孔隙度均值介于 4.8%～5.7%，龙一$_1^1$小层和龙一$_1^3$小层孔隙度较高。单井五峰组—龙一$_1$亚段实测平均基质渗透率介于 0.714×10^{-4}～1.48×10^{-4}mD，平均 1.02×10^{-4}mD。五峰组—龙一$_1$亚段各小层含气饱和度均值介于 54.2%～64.6%，龙一$_1^1$小层含气饱和度最高。

4. 含气性特征

五峰组—龙一$_1$亚段各小层总含气量均值介于 4.1～5.5m³/t，其中，龙一$_1^1$小层总含气量最高。

5. 岩石力学特征

三轴抗压强度分布范围为 181.73～321.74MPa，平均值为 238.648MPa；杨氏模量分布范围为 1.548×10^4～5.599×10^4MPa，平均值为 2.982×10^4MPa；泊松比分布范围为 0.158～0.331，平均值为 0.211，总体显示较高的杨氏模量和较低的泊松比特征，具有较好的可压性。

6. 储层厚度

结合 DZ/T 0254—2014《页岩气资源 / 储量计算与评价技术规范》和北美优质页岩划分标准，中国石油充分结合四川盆地海相页岩地质特征，完善了储层分类评价标准，将页岩储层由好到差分为 Ⅰ类、Ⅱ和Ⅲ类储层，其中Ⅰ类和Ⅱ类为优质页岩储层，Ⅲ类为一般页岩储层（表1-2）。Ⅰ类＋Ⅱ类储层钻遇率，尤其是Ⅰ类储层钻遇率高，可以为实现页岩气井高产奠定坚实地质基础。

表 1-2 页岩储层分类标准

参数	页岩储层		
	Ⅰ类储层	Ⅱ类储层	Ⅲ类储层
TOC（%）	≥3	2～3	1～2
有效孔隙度（%）	≥5	3～5	1～3
脆性矿物（%）	≥55	45～55	30～45
含气量（m³/t）	≥3	2～3	1～2

五峰组—龙一$_1$亚段各小层Ⅰ类＋Ⅱ类储层厚度均值介于 1.8～14.4m，一般大于 10m，纵向Ⅰ类＋Ⅱ类储层厚度分布稳定，横向分布连续。

（四）气藏特征

五峰组—龙马溪组页岩气烃类组成以甲烷为主，平均含量 98% 以上，重烃含量低，低含二氧化碳，不含硫化氢；天然气成熟度高，干燥系数（C_1/C_{2+}）为 134.65～282.98。

长宁地区实测产层中深地层压力为 18.41～61.02MPa，地层温度为 79.1～110.6℃。地层压力系数较高，介于 1.35～2.03，表明区块内页岩气保存条件较好。

二、威远区块基本地质条件

（一）构造及断层特征

威远区块整体表现为由北西向南东方向倾斜的大型宽缓单斜构造，局部发育鼻状构造（图1-2）。地层整体较为平缓，倾角小，断裂整体不发育。

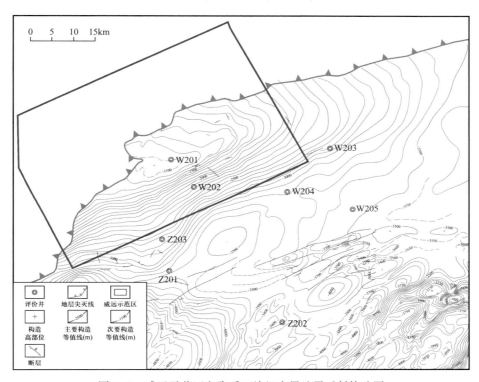

图1-2 威远示范区奥陶系五峰组底界地震反射构造图

（二）地层及沉积特征

1. 地层层序

威远区块与长宁区块一致，整体地层层序正常，受加里东运动影响，乐山—龙女寺古隆起范围龙马溪组遭受剥蚀，工作区内龙马溪组残余厚度主要在180～450m，五峰组厚度一般介于1～9m。

2. 目的层埋深

威远区块五峰组底界埋深为1500～4000m，由威远背斜自北西向南东方向埋深逐渐增加。

3. 沉积特征与小层划分

四川盆地奥陶系五峰组—志留系龙马溪组均为深水陆棚相沉积，其沉积特征与长宁地区基本一致，小层划分方案与长宁一致。

（三）储层特征

1. 岩石矿物特征

威远区块五峰组—龙马溪组页岩矿物组成与长宁区块类似，以硅质矿物为主，其次是方解石和白云石，含少量黄铁矿；黏土矿物平均含量为 20% 左右，以伊利石和伊/蒙混层为主。

脆性矿物含量呈现自上而下逐渐增高的特点，五峰组、龙一$_1^1$小层和龙一$_1^2$小层含量较高，龙一$_1^3$小层和龙一$_1^4$小层含量较低，各小层脆性矿物含量均值介于 59.3%～73.9%，平面上变化小，主要为 60%～65%。

2. 有机地化特征

五峰组—龙一$_1$亚段各小层 TOC 均值介于 2.7%～5.6%，TOC 自上而下逐渐增大，龙一$_1^1$小层 TOC 最高，龙一$_1^4$小层最低。五峰组—龙马溪组页岩 R_o 分布在 1.8%～2.5%，均达到高过成熟阶段，以产干气为主。

3. 储集物性特征

五峰组—龙一$_1$亚段各小层孔隙度均值介于 4.9%～6.3%，龙一$_1^1$小层和龙一$_1^3$小层孔隙度较高；单井五峰组—龙一$_1$亚段实测平均基质渗透率分布在 2.34×10^{-5}～3.80×10^{-4}mD，平均 1.60×10^{-4}mD；五峰组—龙一$_1$亚段各小层含气饱和度均值介于 56.2%～64.7%，龙一$_1^1$小层含气饱和度最高。

4. 含气性特征

五峰组—龙一$_1$亚段各小层总含气量均值介于 4.5～6.6m³/t，龙一$_1^1$小层总含气量最高。

5. 岩石力学特征

龙马溪组岩石力学实验结果表明，三轴抗压强度分布范围为 97.7～281.6MPa，平均值为 213.90MPa；杨氏模量分布范围为 1.1×10^4～3.3×10^4MPa，平均值为 2.1×10^4MPa；泊松比分布范围为 0.17～0.29，平均值为 0.20[2]。整体表现为较高的杨氏模量和较低的泊松比。其中，龙一$_1$亚段 1 小层和 2 小层杨氏模量较大，泊松比最低，脆性指数最高，为最有利于储层改造的小层。

6. 储层厚度

五峰组—龙一$_1$亚段各小层Ⅰ类＋Ⅱ类储层厚度均值介于 2.3～16.7m。整体而言，纵向Ⅰ类＋Ⅱ类储层厚度分布稳定，横向分布连续。

（四）气藏特征

龙马溪组页岩气为优质天然气，烃类组成以甲烷为主，占比 97% 以上，重烃含量很低，不含 H_2S，CO_2 含量为 0.22%～1.5%。天然气成熟度高，干燥系数（C_1/C_{2+}）为

138.49～221.32。

实测产层中深地层压力为 13.79～73.31MPa，压力系数介于 1.4～1.99，页岩气保存条件较好，地层温度为 71.8～133.92℃。

三、昭通区块基本地质条件

（一）构造及断层特征

昭通示范区区域构造上处于滇黔北坳陷中部，属于中上扬子地块，北接四川盆地，东与武陵坳陷相邻，南为滇东黔中隆起，西为康滇隆起，属于以前以震旦系为基底的准克拉通区域构造背景（图1-3）。示范区由一系列背斜与向斜组成的"背斜带平缓宽阔、向斜陡峭狭窄"的"隔槽式"褶皱带构成，褶皱整体上以北东向或北北东向展布为主。区内主要发育有四川台坳川南低陡褶带南缘的建武向斜南翼、罗布向斜、云山坝向斜和大寨向斜构造，与长宁以及涪陵相对，构造相对复杂。断裂基本上呈北北东向、北东东向、近东西向断裂，交汇部位构造形态较复杂，褶皱幅度不等，断层较为发育。示范区主要发育逆断层和平移断层。南北向断层多为挤压性断层，东西向断层多为压扭性断层，北东向和北西向断层多为压性或压扭性断层，北北东向断层多为扭性断层。昭通页岩气田整体地层层序较为正常，缺失石炭系、泥盆系以及志留系上部地层，主要出露地层为二叠系和三叠系，部分向斜核部最老出露寒武系地层。区块受多期构造影响，五峰组—龙马溪组主要发育近东西向、北东向、北西向以及近南北向4组断裂体系，均为逆断层。

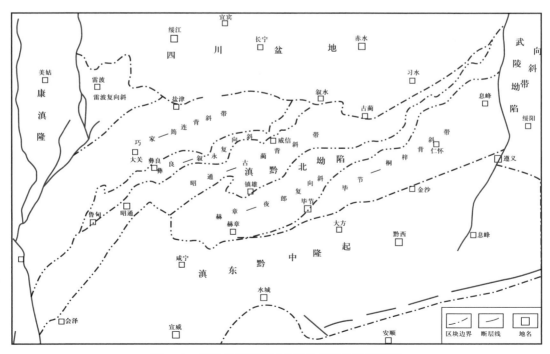

图 1-3　滇黔北坳陷区域构造位置及构造区划图

（二）地层及沉积特征

1. 地层层序

示范区内震旦系至三叠系发育较齐全，主要为海相沉积，以碳酸盐岩为主，岩性组合复杂，多期构造运动导致局部地层缺失。上奥陶统五峰组—下志留统龙马溪组分布稳定、厚度大、有机质丰度高、保存较好，是本区页岩气勘探开发的主要层系。

2. 目的层埋深

五峰组—龙马溪组主要分布于示范区中部及北部，残留面积约 8700km^2，主体埋深 1000～3500m。地层厚度呈"南薄北厚"特征，其中最北部筠连—上罗场—洛亥—响水滩一带最厚，达 300m 以上。由于受到黔中古隆起的影响，地层厚度向南减薄，其中芒部大湾头剖面地层厚度仅 52.95m，至彝良龙街—镇雄盐源—芒部—摩尼—威信一线地层尖灭。

3. 沉积特征与小层划分

沉积背景与长宁—威远示范区基本一致，即钙质—粉砂质深水泥棚相沉积环境。小层划分方案与长宁—威远示范区相同。

（三）储层特征

1. 岩石矿物特征

五峰组—龙马溪组岩石类型以泥页岩为主，其他类型包括介壳灰岩、粉砂岩、斑脱岩及各类过渡岩性（灰质泥岩、泥质灰岩、粉砂质泥岩等）。含气岩石类型主要为碳质泥页岩及含粉砂泥页岩等。岩石矿物成分主要为石英、长石、方解石、白云石、黄铁矿和黏土矿物等，其中黏土矿物主要为伊利石、伊/蒙混层和绿泥石。

五峰组—龙一$_1$亚段脆性矿物含量整体较高，介于 54.1%～93.2%。其中，龙一$_1^1$小层和龙一$_1^2$小层脆性矿物含量最高（介于 54.1%～91.2%，平均 78.0%），五峰组次之（介于 49.3%～93.2%，平均 75.8%），龙一$_1^3$小层和龙一$_1^4$小层脆性矿物含量相对较低（介于 48.7%～79.7%，平均 66.3%）。

2. 有机地化特征

五峰组—龙一$_1$亚段 TOC 介于 0.4%～6.8%，平均含量 3.4%。其中，龙一$_1^1$小层含量最高（介于 2.9%～6.8%，平均 5.4%），其次为五峰组（介于 0.6%～4.6%，平均 3.1%）和龙一$_1^2$小层（介于 1.3%～4.6%，平均 3.5%），龙一$_1^3$小层和龙一$_1^4$小层 TOC 相对较低（介于 0.4%～4.4%，平均 2.4%）。

泥页岩有机质成熟度（R_o）为 2%～3.9%，全区已普遍演化至过成熟干气阶段。黄金坝气田以西地区，略高于中部及东部。

3. 储集物性特征

五峰组—龙一$_1$亚段储集空间以孔隙为主，镜下可识别出 7 种孔隙类型，即残余粒间孔、有机质孔、黏土矿物或黄铁矿晶间孔、粒间溶孔、粒内溶孔、生物体腔孔以及铸模孔。其中，有机质孔多以蜂窝状、串珠状、椭圆状及不规则状等形态分布于有机质中，轮廓清晰，孔径大小不一，多介于 20~800nm，个别可达微米级。龙马溪组裂缝较发育，主要为构造缝、层间缝、成岩收缩缝和异常压力缝，多被次生矿物或有机质充填（表 1-3）。

表 1-3　页岩主要裂缝成因类型划分表

裂缝类型	主控地质因素	发育特点	储集性与渗透性
构造缝（张裂缝、剪裂缝）	构造作用	产状变化大，破裂面不平整，多数被完全充填或部分充填	主要的储集空间和渗流通道
层间缝	沉积成岩、构造作用	多数被完全充填，一端与高角度张性缝连通	部分储集空间，具有较高的渗透率
层面滑移缝	构造、沉积成岩作用	平整、光滑或具有划痕、阶步的面，且在地下不易闭合	良好的储集空间，具有较高的渗透率
成岩收缩微裂缝	成岩作用	连通性较好，开度变化较大，部分被充填	部分储集空间和渗流通道
有机质演化异常压力缝	有机质演化局部异常压力作用	缝面不规则，不成组系，多充填有机质	主要的储集空间和部分渗流通道

五峰组—龙一₁亚段有效孔隙度介于 0.9%~6.1% 之间，平均值 3.5%。其中，龙一$_1^1$ 小层有效孔隙度最高（介于 2.2%~6.1%，平均 4.6%），其次为龙一$_1^2$ 小层（介于 1.5%~5.2%，平均 3.6%），龙一$_1^3$ 小层（介于 1.8%~5.3%，平均 3.3%）和五峰组（介于 1.1%~5.6%，平均 3.2%）有效孔隙度相对较低，龙一$_1^4$ 小层有效孔隙度最低（介于 0.9%~4.9%，平均 2.7%）。

4. 含气性特征

五峰组—龙一$_1$亚段总含气量介于 0.4~7.6m³/t，平均 3.3m³/t。其中，龙一$_1^1$ 小层含气量最高（介于 1.7~7.6m³/t，平均 5.0m³/t），其次为龙一$_1^2$ 小层（介于 1.0~6.5m³/t，平均 3.5m³/t）和五峰组（介于 0.8~6.3m³/t，平均 3.1m³/t），龙一$_1^3$ 小层（介于 1.1~4.5m³/t，平均 2.8m³/t）和龙一$_1^4$ 小层含气量较低（介于 0.4~3.4m³/t，平均 2.2m³/t）。

5. 岩石力学特征

昭通示范区地下断层、微构造及天然裂缝发育，地应力状态复杂。根据岩心实测结果，五峰组—龙一$_1$亚段页岩抗压强度为 244.67~254.16MPa，平均 249.42MPa；弹性模量为 33.1~34.1GPa，平均 33.6GPa。垂直和平行于层理面的平均杨氏模量分别为 20.89GPa 和 38.45GPa，平均泊松比分别为 0.221 和 0.193。杨氏模量比介于 1.56~2.14，均值为 1.84，即平行于层理面的杨氏模量均大于垂直于层理面的杨氏模量。各向异性指数介于 36.04%~53.21%，均值为 45.67%，展示出明显的各向异性，而随着深度的增加，杨氏模量各向异性有减弱的趋势。岩石力学性质特征总体上显示为较高的杨氏模量和较低的泊松比，表明具有较高的脆性。

根据三轴应力测试结果，示范区五峰组—龙马溪组最大水平主应力为71.7～79.6MPa，平均为75.35MPa；最小水平主应力为47.43～55.7MPa，平均为52.53MPa；水平应力差为18.6～26.5MPa，平均为22.78MPa。主应力分布规律为 $\sigma_H > \sigma_v > \sigma_h$（$\sigma_H$ 为最大水平主应力，σ_v 为垂向主应力，σ_h 为最小水平主应力），即三轴应力呈现走滑断层特征，应力差较大。

（四）气藏特征

天然气组分分析结果表明，昭通页岩气示范区页岩气烃类组分以甲烷为主，重烃含量低。烃类组分中甲烷含量为96.76%～98.86%，平均含量为97.62%；乙烷含量为0.22%～1.11%，平均为0.58%；丙烷含量占比0.01%；CO_2 含量为0.04%～0.49%，平均0.15%；不含 H_2S。天然气成熟度高，干燥系数（C_1/C_{2+}）为189.13～220.24。甲烷碳同位素 $\delta^{13}C_1$ 主要分布在 $-28.02‰$～$-23.9‰$，平均为 $-26.78‰$。

地温梯度普遍介于2.5～3.5℃/100m之间；五峰组—龙一₁亚段压力系数在平面上变化较大，黄金坝气田压力系数为1.75～1.98，紫金坝气田压力系数为1.35～1.80，大寨地区压力系数为1.03～1.60，整体保存条件较好。

第三节　工　程　概　况

一、页岩气水平井钻井技术

（一）井身结构

页岩气工区所钻水平井井身结构主要包含两种典型的井身结构，如图1-4所示。对于当前最为广泛的井身结构，将技术套管下至韩家店组顶，三开用气体钻井穿过韩家店组—石牛栏组高研磨性地层，钻至龙马溪组顶再转成油基钻井液开始造斜定向。实钻过程中提速效果显著，NH3-5井完钻周期为33.7天，创造了长宁页岩气田最短钻井周期纪录。

（二）钻井井眼轨道设计

页岩气丛式井组大部分采用6口井双排平行井眼分布，单边3口井，横向偏移距最小为400m，垂直靶前距300m，属于典型的三维水平井。前期主要采用"直—增—稳—增（扭）—稳"模式（图1-5），造斜点为龙马溪组顶（2000m左右）。现场实际应用过程中存在直井段长、防碰难度大、少数井部分层段造斜率超过8°/30m、井眼轨迹控制难度大、应对储层垂深变化能力弱、油层套管下入摩阻偏大等问题。

针对前期钻井井眼轨道设计存在上部井段井间距小（5m）、直井段长（2000m左右）、防碰难度大、下部井段造斜率大、套管安全下入困难等难题。后期井眼轨迹剖面优化采用"直—增—降—增—稳"模式（图1-6），即从表层（350m左右）开始定向造斜，对井口

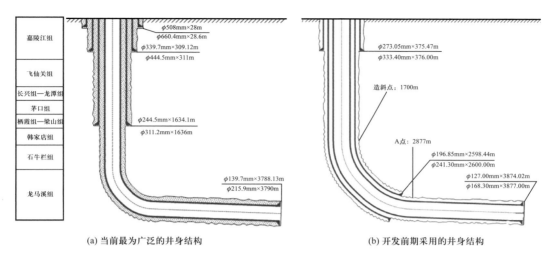

(a) 当前最为广泛的井身结构　　　　　　(b) 开发前期采用的井身结构

图 1-4　页岩气水平井井身结构图

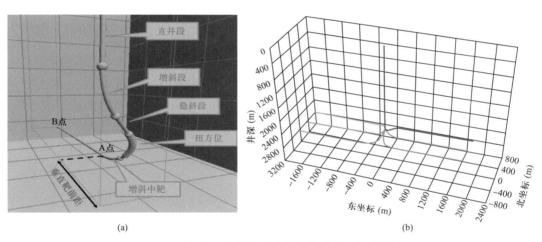

图 1-5　长宁页岩气水平井前期钻井井眼轨道设计

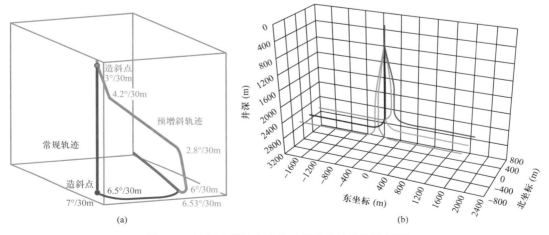

图 1-6　长宁页岩气水平井后期钻井井眼轨迹剖面

间距"预放大"，增加井眼间的空间距离，降低井眼相碰风险。利用上部井段小井斜将方位扭至靶点所处的方位，使下部井段的井眼轨迹处在二维平面内，有效地降低了狗腿度，为套管安全下入创造了条件，同时达到了提高钻速、降低井下事故复杂风险的目的。

（三）钻井提速技术

通过持续优化，形成了以"个性化 PDC 钻头 + 长寿命螺杆、旋转导向、油基钻井液、气体钻井"为核心的钻井提速技术。形成成熟的个性化 PDC 钻头序列，威远区块钻井平均机械钻速提高 107%，长宁区块钻井平均机械钻速提高 61.8%，CNH3-5 井创造了 5 只 PDC 钻头钻完全井进尺的纪录。针对表层易恶性井漏的情况，采用气体钻井技术提速、治漏，同比常规钻井，单井减少钻井液漏失 2242m³。上部地层采用 PDC+ 螺杆 +MWD 防碰绕障提速，同比 PDC 钻头，机械钻速提高 30%。韩家店组—石牛栏组高研磨地层开展气体钻井提速，机械钻速同比常规钻井提高 2 倍以上，节约钻井周期 10 天以上。造斜段应用旋转导向技术，平均机械钻速提高 52%。

（四）钻井液技术

基于页岩储层失稳机理，吸收、消化国内外先进技术，自主研发并批量生产出乳化剂、封堵剂、降滤失剂等 6 种关键处理剂，并形成了白油基钻井液体系，性能达到国际先进水平，现场应用 42 井次，单井油基钻井液（按 300m³ 消耗计算）费用相比引进可降低 21%。为缓解油基岩屑环保处理压力，进一步扩大高性能水基钻井液应用范围，目前已在长宁—威远区块 21 口井水平段中获得成功应用，提高了机械钻速，缩短了钻井周期，降低了环保风险。

（五）地质工程一体化钻井技术

全面推广"自然伽马 + 元素录井 + 旋转导向"页岩气水平井地质工程一体化钻井技术，显著提高 Ⅰ 类储层钻遇率。长宁区块储层钻遇率由 47.3% 提高到 96.5%，威远区块储层钻遇率由 37.1% 提高到 94.9%。Zu201-H1 井为目前国内最深页岩气井，垂深 4374.35m，完钻井深 6038m，水平段长 1503m，应用"自然伽马 + 元素录井 + 旋转导向"地质工程一体化钻井技术，储层钻遇率达 100%，其中 Ⅰ 类储层占比 96.4%，Ⅱ 类储层占比 3.6%，无 Ⅲ 类储层。

（六）固井水泥浆体系

页岩气井固井要求水泥浆稳定性好、无沉降，不能在水平段形成水槽，失水量小；储层保护能力好；具有良好的防气窜能力，稠化时间控制得当；流变性控制合理，顶替效率高；水化体积收缩率小等。水泥石属于硬脆性材料，形变能力和止裂能力差、抗拉强度低。页岩气水平井的储层地应力高且复杂，套管居中度低引起水泥环不均匀，射孔和压裂施工时水泥环受到的冲击力和内压力大[3]。因此，页岩气井水泥浆设计不仅要考虑层间封隔和支撑套管，而且要考虑到后续的压裂增产措施，针对水平井要求稳定性要好、无沉降，不能在水平段形成水槽；失水量小及后期大型分段压裂对水泥石力学性能有特殊要求，开发了一套微膨胀韧性水泥浆体系，配方见表1-4。

表1-4　微膨胀韧性水泥浆配方

密度（g/cm³）	G级水泥（g）	铁矿粉（g）	微硅（%）	SD35（%）	SD66（%）	SDP-1（%）	SD13（%）	SD21（%）	SD52（%）	液固比
1.90	800	0	3.0	0.6	1.5	3.0	2	0.08	0.2	0.44
2.00	750	250	2.0	0.7	1.0	3.0	2	0.08	0.2	0.40
2.10	650	350	1.5	0.8	1.0	3.0	2	0.08	0.2	0.36
2.20	550	450	1.5	0.9	1.0	3.0	2	0.08	0.2	0.33
2.30	480	520	1.5	0.9	1.0	3.0	2	0.08	0.2	0.30

室内按照API操作规范对以上配方进行了水泥浆综合性能测试，得到微膨胀韧性水泥浆体系综合性能（表1-5）。

表1-5　微膨胀韧性水泥浆综合性能

密度（g/cm³）	流动度（cm）	游离液（%）	API失水量（mL）	100Bc稠化时间（min）	48h抗压强度（MPa）
1.90	21	0	38	252	31.3
2.00	20	0	42	211	26.3
2.10	20	0	48	231	24.5
2.20	20	0	44	258	21.4
2.30	20	0	45	254	20.2

二、页岩气水平井完井压裂技术

（一）体积压裂设计思路

页岩气储层体积压裂设计基于地质工程一体化理念，"地质"是泛指以油气藏为中心的地质—油藏表征、地质建模、地质力学和油气藏工程评价等综合研究，而不是特指学科意义上的地质学科，"工程"特指压裂工程，基于地质工程一体化设计理念，在前期现场试验和汲取国外经验的基础上，以实现缝网改造、增大泄油面积为主要目的，确定压裂设计思路[4]：

（1）结合测井、录井解释、三维地震预测、小层划分成果，优化射孔位置、簇间距及段间距。

（2）采用桥塞+分簇射孔联作分段压裂工艺。

（3）泵注方式采用全程滑溜水+段塞式加砂模式。

（4）支撑剂选用 100 目石英砂用于打磨孔眼、暂堵降滤、支撑微裂缝，后期采用 40/70 目低密度陶粒支撑人工裂缝。长宁—威远区块、富顺—永川区块、焦石坝区块在压裂设计思路上相当，但在压裂施工参数上有一定差异（表 1-6）。

表 1-6　国内不同区块页岩气水平井体积压裂参数对比

项目	长宁—威远区块	富顺—永川区块	焦石坝区块
液体类型	滑溜水	滑溜水 + 线性胶、滑溜水 + 交联液	滑溜水 + 线性胶
支撑剂类型	100 目石英砂 +40/70 目陶粒	100 目石英砂 +40/70 目陶粒	100 目粉陶 +40/70 目树脂覆膜砂 +30/50 目树脂覆膜砂
分段长度（m）	80～100	100～120	65～100
分簇数	3	3～5	3
孔眼总数	48	50～60	60
单段液量（m³）	1800～2000	1300～1600	1500～1800
单段砂量（t）	80～120	120～160	80～100
施工排量（m³/min）	9～12	10～12	12～14
泵注压力（MPa）	60～90	80～95	48～60
最高砂浓度（kg/m³）	240	360	330
泵注方式	段塞式	段塞式 + 连续式	段塞式

（二）分段设计及工艺

开发工区内水平井分段间距基本按照 60～80m 进行分段，目的是在较短的段间距条件下，形成一定的应力干扰，提高裂缝的复杂程度。主体采用的分段原则是：（1）利用实际的井轨迹穿行情况，分段设计同一小层尽量为同一段，不跨小层；（2）利用测井解释结果，合理设计分段间距，选择高脆性、高伽马值的位置射孔；（3）一段中 3 簇的射孔位置应选择物性、应力特征相近的位置，保证射孔孔眼均能有效开启。

电缆泵送桥塞分簇射孔分段压裂工艺在页岩气水平井压裂中应用最为广泛，技术成熟度高。长宁区块初期采用速钻桥塞分段压裂工艺，为了缩短建产时间，建产阶段主体采用大通径桥塞分段压裂工艺。为了进一步提高井筒完整性，满足压裂后期生产测井、冲砂等需要，开展了可溶性桥塞试验。随着可溶性桥塞工艺的进一步完善将在页岩气水平井分段压裂中得到更广泛的应用。

（三）压裂规模及施工排量

前期长宁区块压裂施工规模参数见表 1-7，平均压裂水平段长 1382m，平均压裂级数 19 级，平均单井注入液量 36196m³，平均单级注入液量 1885m³，平均单井注入总砂量1869t，平均单级注入砂量96t。现场实施情况表明，该施工规模基本能够满足对单井控制范围内的有效改造。对于页岩储层而言，提高施工排量有利于形成复杂裂缝，施工时应在施工控制压力范围内尽可能地提高施工排量，根据该区的完井方案，预测能满足16m³/min以内的施工排量，该区块施工主体按照12～15m³/min的施工排量施工。

表1-7　长宁区块部分施工水平井压裂施工规模

序号	井号	压裂水平段长（m）	改造段数（段）	主压裂用液量（m³）	加砂量（t）	平均单段压裂用液量（m³）	平均单段加砂量（t）
1	CNH2-5	1350	18	33304	1945	1850	108
2	CNH2-6	1013	14	25674	1388	1834	99
3	CNH2-7	1358	18	33933	2016	1885	112
4	CNH3-4	1680	23	43578	2685	1895	117
5	CNH3-5	1820	23	43544	2655	1893	115
6	CNH3-6	1318	18	35071	1672	1948	93
7	CNH6-1	1493	20	37033	1582	1852	79
8	CNH6-2	763	11	20588	657	1872	60
9	CNH6-3	1460	21	39246	1684	1869	80
10	CNH6-4	1406	22	41856	2196	1903	100
11	CNH6-5	1450	20	38212	1806	1911	90
12	CNH6-6	1343	16	32081	1086	2005	68
13	CNH9-1	1265	18	33267	1722	1848	96
14	CNH9-2	1408.4	20	37338	1914	1867	96
15	CNH9-3	1408	19	36540	1975	1923	104
16	CNH9-4	1273	19	36725	1834	1933	97
17	CNH9-5	1253	18	33211	1664	1845	92
18	CNH9-6	1458	21	40325	2401	1920	114
19	CNH10-1	1362	19	35861	1625	1887	86
20	CNH10-2	1354	18	34010	1731	1889	96
21	CNH10-3	1412	19	36475	1897	1920	100
22	CNH12-1	1447	21	38873	1998	1851	95
23	CNH12-2	1550	22	40109	1942	1823	88
24	CNH12-3	1451	20	36627	1954	1831	98
25	CNH12-4	1520	22	41405	2678	1882	122

（四）工厂化压裂作业技术

区块内主体按照每个平台部署 6 口水平井设计（图 1-7）。压裂施工时，一般先对同侧的 3 口井进行压裂。由于页岩气开发地区属于山地地貌，人口稠密，井场面积受限，根据该地区的地貌和人居环境特征，主体采用拉链式压裂模式（图 1-8），一般能够实现作业时间 12h 完成 2～3 段压裂施工。同侧的 3 口井压裂完成后，开始压裂另一侧的 3 口井。先压裂完成井一般关井 3～5 天后开井排液，一般采用油嘴控制、逐级放大、确保连续排液的原则进行排液；一般初期采用 3～4mm 油嘴排液，待井底压力降至闭合压力后再逐级放大油嘴，避免发生支撑剂回流[5]。

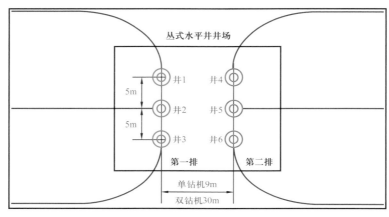

图 1-7 长宁区块平台双排布井示意图

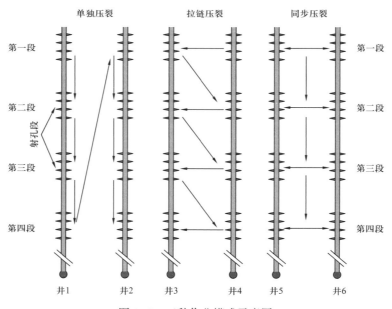

图 1-8 三种作业模式示意图

第 二 章

页岩气水平井油层套管变形特征及原因

　　由于各种因素作用的结果，会使油气井套管产生破损变形。为了保证油气田正常生产，必须对套管变形特征进行识别，并在此基础上分析套管变形原因，制订套管变形防治措施。由于造成套管损坏的原因很多，每口井的具体情况又不相同，故套管损坏的形式多种多样。但按其损坏的程度和性质，可以分为套管变形、套管断错、套管破裂和套管外漏4种类型。长宁—威远页岩气示范区油层套管变形主要发生在页岩气井组体积压裂阶段，失效类型主要为套管变形，导致页岩气压裂过程中无法正常下入桥塞工具进行分段压裂，最终造成设计压裂段无法按照设计要求完成压裂，影响了改造效果，并增加了井下作业风险。本章全面总结页岩气水平井油层套管变形井段的地质特征、工程特征和微地震监测特征，通过大量现场数据分析，揭示导致页岩气水平井油层套管变形的主导因素。

第一节　页岩气水平井油层套管变形情况

一、四川页岩气水平井油层套管使用概况

威远—长宁页岩气示范区开发油层套管使用主要分为4个阶段（表2-1）：

第一阶段，油层套管钢级较低且为常规壁厚，主要采用常规长圆螺纹，油层套管总体强度偏低，在压裂后出现了大量套管变形，三口水平井均发生了变形，变形率达到了100%。

表2-1　威远—长宁页岩气示范区开发各阶段油层套管使用情况

阶段	外径（mm）	钢级	壁厚（mm）	螺纹类型	抗外挤强度（MPa）	抗内压强度（MPa）	变形比例（%）
第一阶段	139.7	110/125	9.17/10.54	LTC/BTC	100.2/110.73	90.7/96.94	50
第二阶段（2011—2012）	139.7（N201-H1）	TP125V	9.17	TP-BM	100.2	96.94	33.33
		P110	9.17	TP-BM	76.5	85.31	
	139.7（W201-H1）	TP95S	9.17	LTC	69	75.22	
	139.7（W201-H3）	TP110S	10.54	TP-G2	100.3	100.2	
第三阶段（2013—2014.3）	139.7（W204）	TP140V	9.17	TP-CQ	105.4	127.5	没有变形
		VM140HC	12.7	VAM-TOP	172.4	154	
	127（W205）	TP140V	12.14	TP-CQ	149.2	161.5	
	127（H2、3平台7口井）	110	11.1	LTC	121	102.6	57.14
			12.14	LTC	140.2	110.3	
第四阶段（2014.4—2019.12）	139.7	BG125V/Q125	12.7	BGT2	142.4	137.1	34.2
				BEAR	142.4	137.1	

第二阶段，长宁区块油层套管规格调整为ϕ127mm×TP110×12.1mm，在威远区块，W205井采用了ϕ127mm×TP140V×12.14mm高强度油层套管，W204井采用了ϕ139.7mm×VM140HC×12.7mm高强度油层套管。压裂结束后，在威远区块没有发生油层套管失效；在长宁区块油层套管失效程度获得一定改善，失效率降低至57%[6]。

第三阶段，长宁页岩气水平井油层套管规格为ϕ139.7mm×BG125V×12.7mm，油

层套管失效发生率持续降低，但仍然存在一定程度的油层套管失效，威远区块大部分井采用了规格为ϕ139.7mm×BG125V×12.7mm 的油层套管，部分井采用了攀钢集团成都钢铁有限责任公司生产的 ϕ139.7mm×Q125×12.7mm 和 ϕ127mm×Q125×12.14mm 两种规格油层套管，所有类型油层套管均存在变形，其中该公司生产的油层套管在使用过程中发生了大规模的套管变形，严重影响了现场完井压裂作业。总体来说采用了ϕ139.7mm×BG125V×12.7mm 的油层套管后，套管失效率出现了显著的降低。

通过对比各个阶段套管使用情况发现，提高套管的壁厚和钢级是能够显著降低套管失效率的，但不能解决套管失效的问题，而且单纯增加套管强度来解决套管失效问题，会导致开发成本高涨，不利于页岩气的高效开发[7]。

单独统计 2018—2019 年，统计数据如图 2-1 所示，2018 年完成压裂 109 口井，发生油层套管变形 36 口井，油层套管变形井占比 33%；2019 年完成压裂 184 口井，发生油层套管变形 50 口井，油层套管变形井占比 27%，油层套管变形的比例已经存在下降的趋势。

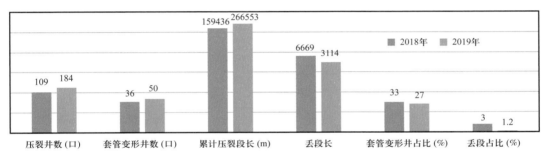

图 2-1　2018—2019 年压裂井中油层套管变形井比例统计

二、四川页岩气水平井油层套管变形类型

根据油层套管变形时间及是否随压裂施工持续产生变形，可将页岩气开发区域内油层套管变形分为三类：点变形、发展变形及未压先变[8]。

（一）点变形

油层套管在某一处发生变形，随着压裂施工，变形点没有变化；多数采用小尺寸桥塞可通过并完成压裂施工。典型点变形井统计见表 2-2。

（二）发展变形

油层套管在某一处发生变形，随着压裂施工，该变形点形变加剧或者变形点不断延伸（图 2-2）。

（三）未压先变

套管在压裂施工之前发生的变形，变形原因都是由于受到邻井压裂的影响[9]。变形情况见表 2-3，CNH18-1 井在 2826.75m 处发生变形，最小井径仅为 95.85mm，影响 30

表2-2 典型点变形井统计表

序号	井号	A点井深 （m）	B点井深 （m）	水平段长 （m）	轨迹 类型	变形点 （m）	措施
1	N209H6-4	3730	5230	1500	下倾	3636	该变形点影响该井最后一段施工，采用连续油管下ϕ85mm桥塞顺利完成压裂施工
2	N209H2-2	3230	4780	1500	上倾	4210	该变形点位于第7段压裂，桥塞遇卡后变更射孔位置。就地坐封完成施工，其余井段顺利完成压裂施工
3	CNH18-6	2650	4610	2010	下倾	3585	该变形点位于第21段，采用泵送ϕ98mm可溶桥塞完成压裂，其余井段均采用ϕ98mm桥塞施工
4	CNH18-2	2700	4600	1900	上倾	4208	该变形点位于第7段，影响2~7段压裂施工，采用泵送ϕ73mm射孔枪+ϕ88mm桥塞压裂施工，目前已完成4段施工
5	CNH20-7	2800	4300	1500	下倾	3394.5	连续油管带ϕ90mm磨鞋通过遇阻点，其余井段施工顺利
6	CNH25-4	3600	4996	1500	上倾	4266.23	采用泵送ϕ88mm桥塞完成该段施工，其余井段施工顺利
7	CNH23-5	3030	5586	2314	下倾	4885.82	变形点位于第10段，泵送ϕ98mm可溶桥塞完成施工，其余井段施工顺利

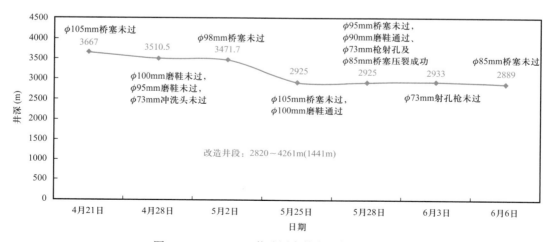

图2-2 CNH19-5井油层套管变形与日期关系

段共计 1569m 的压裂施工，CNH25-5 井初步判断在 3468m 处发生变形（连续油管冲洗至该井深遇阻），影响 23 段 1423m 的压裂施工，N209H4-8 井在 3473.59m 处发生变形，最小内径为 102.429mm，影响 28 段 1435m 的压裂施工。

表 2-3　长宁区块部分井油层套管变形情况

序号	井号	A 点井深（m）	B 点井深（m）	水平段长（m）	轨迹类型	变形点（m）	措施
1	CNH18-1	3480	5180	1700	上倾	2826.75	采用连续油管下 ϕ73mm 射孔枪 +ϕ83mm 桥塞
2	CNH25-5	3900	5405	1505	上倾	3468	待定
3	N209H4-8	3950	5450	1500	下倾	3847.8	采用泵送 ϕ73mm 射孔枪 +ϕ88mm 桥塞分段压裂

第二节　油层套管变形形态特征

一、油层套管变形后整体形态

页岩气水平井油层套管变形后主要以椭圆形态存在，2018 年以后油层套管变形后的变形幅度较 2018 年以前更大，椭圆长轴更长，短轴更短。2018 年之前油层套管变形后最小内通径大于 95mm 的占比为 96.3%，自 2018 年以来，最小内通径大于 95mm 的占比为82.9%（图 2-3）。

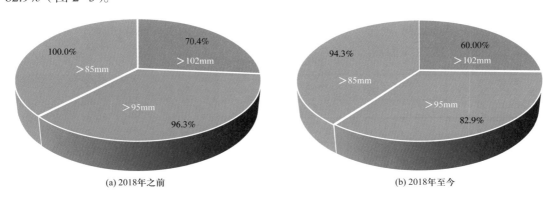

(a) 2018年之前　　　　　　　　　　　　(b) 2018年至今

图 2-3　油层套管变形总体特征分析

二、油层套管变形形态特征类型

如图 2-4 所示，多臂井径曲线图有明显变形面，井径曲线的滑移错动，三维图上有明显对称错动，变形段长度较短，一般为 2～4m。图 2-5 所示为油层套管剪切变形机理（断裂带）示意图。

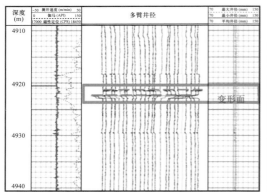

图 2-4　W204H39-6 井 4911.39～4927.79m 多臂井径图

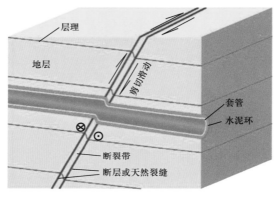

图 2-5　油层套管剪切变形机理（断裂带）示意图

如图 2-6 所示，多臂井径曲线图多个变形面，井径曲线形态变化较为复杂，三维图上变形幅度不明显，变形段长度较长，一般大于单根套管长度。图 2-7 所示为套管剪切变形机理（宽断层带）示意图。

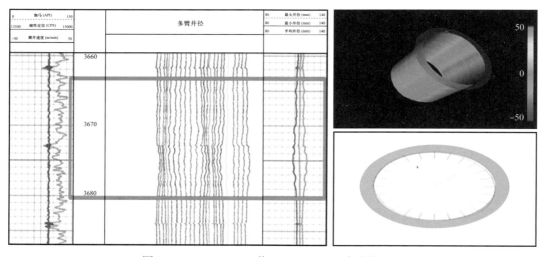

图 2-6　W202H10-4 井 3664～3680m 多臂井径图

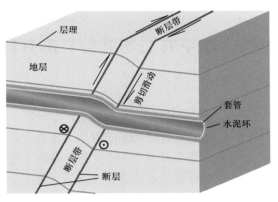

图 2-7 套管剪切变形机理（宽断层带）示意图

随着压裂实施，能量积累，应力 / 能量逐渐动态释放，套变的长度和幅度逐渐动态加剧。图 2-8 所示为 W204H39-6 井 4911.39～4927.79m 两次多臂井径测井对比图。

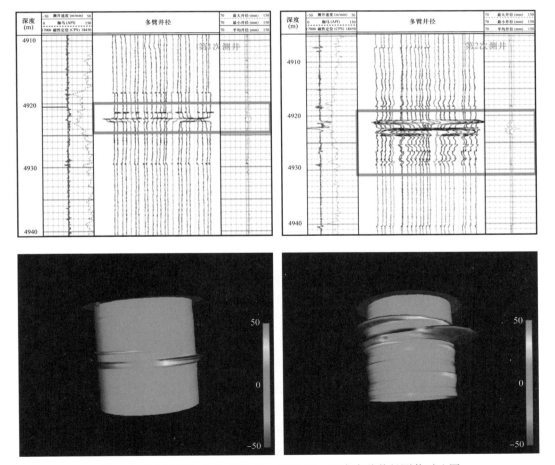

图 2-8 W204H39-6 井 4911.39～4927.79m 两次多臂井径测井对比图

第三节 页岩气水平井油层套管变形井段地震特征

一、地震属性信息

天然地震是地球内部发生运动而引起的地壳的震动。地震勘探则是利用人工的方法引起地壳振动（如炸药爆炸、可控震源振动），再用精密仪器按一定的观测方式记录爆炸后地面上各接收点的振动信息，利用对原始记录信息经一系列加工处理后得到的成果资料推断地下地质构造的特点。在地表以人工方法激发地震波，在向地下传播时，遇有介质性质不同的岩层分界面，地震波将发生反射与折射，在地表或井中用检波器接收这种地震波。收到的地震波信号与震源特性、检波点的位置、地震波经过的地下岩层的性质和结构有关[10]。通过对地震波记录进行处理和解释，可以推断地下岩层的性质和形态，如图 2-9 所示。

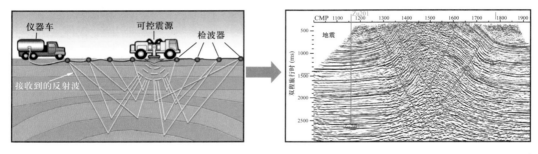

图 2-9　地震勘探原理图

地震属性是由叠前或叠后地震数据，经过数学变换而导出的表征地震波几何形态、运动学特征、动力学特征、统计特征的一些参数，如振幅、频率、相位、极性、速度、倾角等。地震属性分析是综合多种地震属性，通过与测井和岩石物理信息的结合，转换成岩石和流体特性数据体，从而实现储层或油藏特性的描述[11]，如交会分析、回归分析、地质统计分析等。地震属性的分类方法有很多，根据波运动学 / 动力学特征进行的地震属性分类见表 2-4（Quincy Chen）。

在测井资料解释的基础上，通过计算各弹性参数并进行大量岩石物理交会分析，在常见的弹性参数（如纵横波阻抗、纵横波速度比、弹性模量、泊松比、弹性阻抗、拉梅系数、剪切模量等）计算的基础上增加了脆性指数计算和弹性模量 / 泊松比计算。经分析得到了该井区页岩气层的敏感弹性参数主要为密度、横波速度及脆性指数等，分析结果为今后叠前弹性参数反演的解释和页岩气"甜点"预测提供了有利依据和指导[12]。表 2-5 给出了各弹性参数之间的计算关系。

表2-4 根据波运动学/动力学特征进行的地震属性分类

振幅	波形	频率	衰减	相位	相关	能量	比率
瞬时真振幅	视极性	瞬时振幅	衰减敏感带宽	瞬时相位	相关KLPC1	瞬时真振幅乘以瞬时相位的余弦	特定能量与有限能量之比
瞬时振幅积分	平均振动路径长度	振幅加权瞬时频率	瞬时频率斜率	瞬时相位余弦	相关KLPC2	反射强度	相邻峰值振幅之比
瞬时真振幅乘以瞬时相位的余弦	峰值振幅的最大值	能量加权瞬时频率	相邻峰值振幅之比	瞬时真振幅乘以瞬时相位的余弦	相关KLPC3	基于分贝的反射强度	自相关值振幅比
反射强度	谷值振幅的最大值	瞬时频率的斜率	自相关峰值振幅之比	滤波反射强度乘以瞬时相位的余弦	相关KLPC比	反射强度的中值反射波能量	目标区顶一底振幅比
基于分贝的反射强度	振幅状态	响应斜率	目标区顶一底频谱比	响应相位	相关长度	反射强度基于丰分贝的能量	目标区顶一底谱振幅比
反射强度的中值反射波能量		平均振动路径长度	振幅斜率		平均相关	反射强度的斜率	正负振动之比
反射强度基于丰分贝的能量		平均零交点			集中的相关	滤波反射强度乘以瞬时相位的余弦	相关KLPC之比
反射强度的斜率		带宽额定值			相关峰值	平均振动能量	
滤波反射强度乘以瞬时相位的余弦		主频额定值			相关极小值	复合包络差值	
平均振动能量		中心频率额定值			相关极大值	主功率谱	
平均振动路径长度		心迹线峰值额定值			相似系数	主功率谱的中心	
峰值振幅的最大值		第一个谱峰值频率				有限频率带宽能量	
谷值振幅的最大值		第二个谱峰值频率				特定频率带宽能量	
综合绝对值振幅		第三个谱峰值频率				特定能量与有限能量之比	
复合绝对值振幅		衰减敏感带宽				功率谱对称性	
均方根振幅						功率谱斜率	
复合包络差值						目标区顶一底振幅比	
相邻峰值振幅的比率						相对半值时间	
目标区顶一底谱振幅							
振幅斜率							
相对半值时间							
振幅状态							
大于门槛值的采样部分							
小于门槛值的采样部分							

表 2-5　各弹性参数之间的计算关系

K	E	γ	ν	G	M
$\lambda+\dfrac{2G}{3}$	$G\left(\dfrac{3\lambda+2G}{\lambda+G}\right)$	—	$\dfrac{\lambda}{2(\lambda+G)}$	—	$\lambda+2G$
—	$9K\left(\dfrac{K-\lambda}{2K-\lambda}\right)$	—	$\dfrac{\lambda}{3K-\lambda}$	$3\left(\dfrac{K-\lambda}{2}\right)$	$3K-2\lambda$
—	$\dfrac{9KG}{3K+G}$	$K-\dfrac{2G}{3}$	$\dfrac{3K-2G}{2(3K+G)}$	—	$K+4\dfrac{G}{3}$
$\dfrac{\varepsilon G}{3(3G-E)}$	—	$G\left(\dfrac{E-2G}{3G-E}\right)$	$\dfrac{E}{2G}-1$	—	$G\left(\dfrac{4G-E}{3G-E}\right)$
—	—	$3K\left(\dfrac{3K-E}{9K-E}\right)$	$\dfrac{3K-E}{6K}$	$\dfrac{3KE}{9K-E}$	$3K\left(\dfrac{3K+E}{9K-E}\right)$
$\lambda\left(\dfrac{1+\nu}{3\nu}\right)$	$\lambda\dfrac{(1+\nu)(1-\nu)}{\nu}$	—	—	$\lambda\dfrac{1-2\nu}{2\nu}$	$\lambda\left(\dfrac{1-\nu}{1+\nu}\right)$
$G\left[\dfrac{2(1+\nu)}{3(1-2\nu)}\right]$	$2G(1+\nu)$	$G\left(\dfrac{2\nu}{1-2\nu}\right)$	—	—	$G\left(\dfrac{2-2\nu}{1-2\nu}\right)$
—	$3K(1-2\nu)$	$3K\left(\dfrac{\nu}{1+\nu}\right)$	—	$3K\left(\dfrac{1-2\nu}{2+2\nu}\right)$	$3K\left(\dfrac{1-\nu}{1+\nu}\right)$
$\dfrac{E}{3(1-2\nu)}$	—	$\dfrac{E\nu}{(1+\nu)(1-2\nu)}$	—	$\dfrac{E}{2+2\nu}$	$\dfrac{E(1-\nu)}{(1+\nu)(1-2\nu)}$

注：K—体积模量；λ—拉梅常数；G—剪切模量；E—杨氏模量；ν—泊松比。

二、断层 / 裂缝活动性分析

长宁、威远、昭通（参考工区）页岩气示范区断层非常发育，断层的活动性直接影响到微地震监测事件的分布特征，对于页岩气储层改造效果起到关键作用。

在常规地震解释中，多数情况下断层处于两种状态之间，只有在静止期具有封闭能力的断层，才有可能对油气起封堵作用。断层可以划分出破碎带、诱导裂缝带和围岩 3 部分，断层岩和伴生裂缝构成破碎带的主体部分。从动态角度看，随着断距增加，断层活动伴随着裂缝的发育和岩石的破碎混杂，可用泥质源岩层厚度和断距的比值来划分不同的发育阶段。断层活动期为油气运移通道，在静止时表现出差异性的封闭，通常用断层渗透率和排替压力两个参数来定量评价断层的封闭程度[13]。

通常情况下，通天断层不利于页岩气赋存，在长宁、威远和昭通页岩气示范区，由于地层挤压多发育逆断层和走滑断层，W202 井区走滑断层发育，N201 井区逆断层发育，YS108 井区逆断层发育。W202 井区和 N201 井区断层活动性较 YS108 井区弱，页岩气易赋存，且断层活动性强导致 YS108 井区在储层改造过程中遇到较多困难，出现套管变形的概率增加。根据三维地震数据得出各页岩气井区的裂缝属性，有利于判断井区的断层 / 裂缝发育情况。

图 2-10 展示过 W202H2-1 井轨迹地震剖面，在 1 井 3217m 和 3160m 处套管变形微地震、地震特征。1 井上下断层发育，在后期监测时深层出现大震事件的断层属于走滑断层，穿过龙马溪优质页岩气层，在其上部也有较多微地震事件产生。黑色箭头标注为断点位置或曲率变化处。套管变形区域与断层发育区域吻合，从微地震事件分布已经引起应力变化，深浅层断层为应力释放处，说明断层活动性较强，造成套管形变，放弃四段压裂施工。

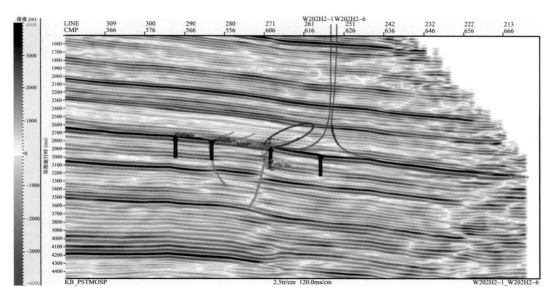

图 2-10　过 W202H2-1 井轨迹地震剖面

图 2-11 中裂缝属性使用的是曲率属性，在暖色调区域裂缝发育，产生较多微地震事件。

图 2-12 展示了过 N201H8-1 井轨迹地震剖面，对比 W202H2-1 井和 N201H8-1 井井轨迹地震剖面可以看出，N201 井区东侧断层发育成熟度较高，断层活动性较弱，H8 平台下半支过断层位置处的微地震事件并没有沿断层方向扩展，说明该断层易矿物质充填、胶结程度较高，断层活动性减弱，压裂改造时断层对诱导裂缝应力影响减弱。

三、小断层、裂缝对套管形变的影响

根据不同的地质条件选取裂缝属性，其中主要是以几何属性为主；由区块的地质及储层情况，提取不同的叠后裂缝属性，用于判断天然裂缝，然后分析在钻井、压裂过程中套管在天然裂缝的受力状况，在这些区域往往施工会遇到一定困难，且易发生套管变形[14]。

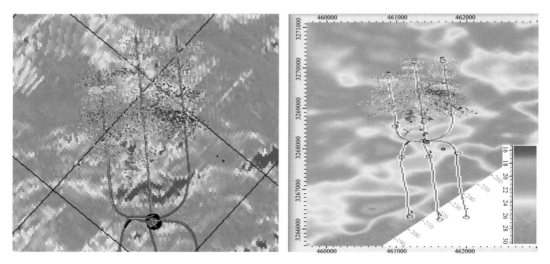

图 2-11　W202H2 上半支裂缝属性和横波阻抗平面图

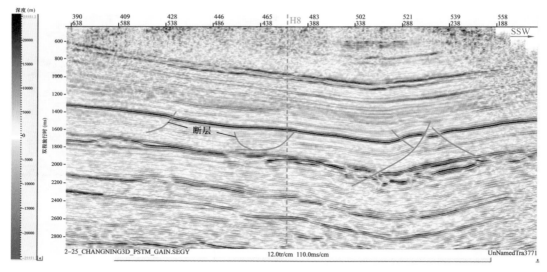

图 2-12　过 N201H8-1 井轨迹地震剖面

　　收集的 H9-1 井资料是在 3182m（测深）处发生套管变形，最终舍弃最后一段（第 19 段）。图 2-13 中，从地震属性图上可以看出，未发现套管变形处有明显岩性变化，套管固井质量表显示第 19 段固井质量好，且套管厚度加厚。从图 2-14 中可以看出，H9-1 井在近井端微地震事件小而散，在还未压裂到第 19 段（套管变形段）时，已经有微地震事件到第 19 段，图 2-15 分段显示也显示了该现象，且该位置处的微地震事件与井筒呈约 45°，说明该处可能受围岩应力影响强度大，可能存在天然裂缝影响。

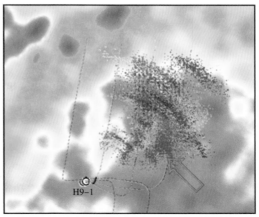

图 2-13　H9-1 平台微地震事件与沿层裂缝和杨氏模量叠合图（零相位）

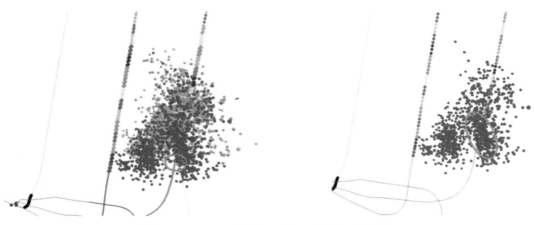

图 2-14　H19-1 井第 16、第 17 和第 18 段事件

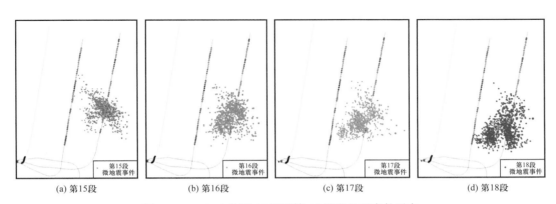

(a) 第15段　　　　　(b) 第16段　　　　　(c) 第17段　　　　　(d) 第18段

图 2-15　H9-1 井第 15 段到第 18 段微地震事件展布

第四节　页岩气水平井油层套管变形井段微地震特征

微地震监测（Microseismic Monitoring）是利用石油工程作业时（水力压裂、油气采出或常规注水、注气以及热驱等），地下应力场变化导致岩石起裂或岩层错断所产生的地震波，进行水力压裂裂缝成像或监测储层流体运动的方法[15]。微地震监测通过现场分析压裂过程中产生的微地震事件的时序、空间、震级能量等属性特征，实时解释人工裂缝的延伸方向、规模和范围，及时指导压裂工程，适时调整压裂参数，优化压裂设计及开发方案，依据微地震事件的求解结果来监测和评估压裂对储层的改造效果，是页岩气井压裂裂缝监测的主要技术，也是确保页岩气压裂施工取得理想效果的重要手段。如果微地震信号的处理求解与压裂时间基本同步，也就实现了储层压裂的实时监测[16]。图 2-16 所示为微地震压裂井下监测示意图。

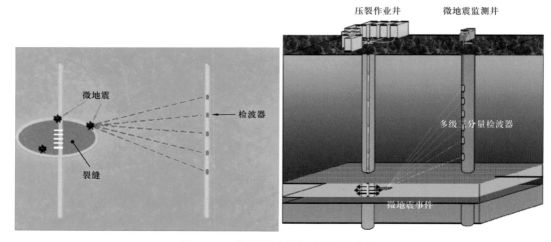

图 2-16　微地震压裂井下监测示意图

套管变形区微地震特征主要体现在发生套管变形位置微地震事件震级、发生频次、几何形态等方面。在套管变形位置的事件震级较大，发生频次较正常发生情况不同，几何形态与发生位置处的地应力和地层裂缝有关系。

一、微地震事件震级与发生频次

为了研究微地震事件震级与发生频次和套管变形的相关性，定义微地震事件 b，该值为微地震事件震级与发生频次的交汇值，大震级事件发生频次越多，统计出的斜率越小[17]。b 值为 1.0 代表这部分微地震事件跟正常事件完全不同，可能是此处天然裂缝发育造成，通过这种简单的计算方法，可以大致判断该区域天然裂缝是否对人工压裂改造产生影响。

N201 井区紧邻昭通区块，距威远区块较远，图 2-17 显示了昭通区块的一口水平井某段 b 值计算，发现在远离当前压裂射孔段有较多大震级事件产生，而且在地震反演平面图上也可以看出套管变形位置处有天然裂缝。

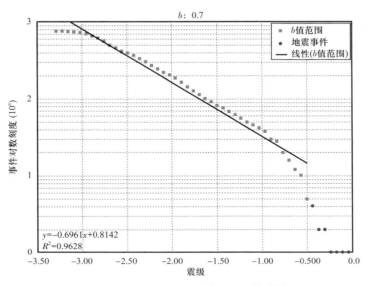

图 2-17 YS117H1-4 井第 8 段 b 值计算

图 2-18 显示 N201H6-1 井第 11 段的 b 值为 1.0，该段在体积改造过程中较多事件出现在 A 点位置处，围绕井筒周围一圈出现较多事件，后期从施工方也了解到该处确实发生了套管变形。

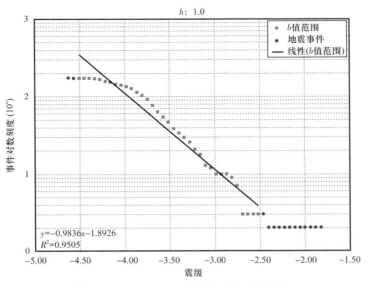

图 2-18 N201H1-6 井第 11 段 b 值计算

二、微地震裂缝扩展时序

经过对套管变形井的分析发现，套管变形位置附近的微地震事件扩展时序明显跟正常位置的扩展时序不同，往往体现在微地震事件的时间和空间的不同[18]。

CNH3-2井轨迹上下方明显有强裂缝响应，暖色调代表更可能产生天然裂缝。图2-19中井筒下方的微地震事件正好与强裂缝响应位置一致，说明压裂已经完全激活了井周裂缝带。

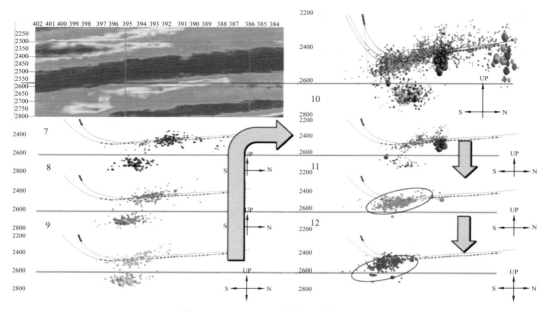

图2-19 CNH3-2井分段事件显示

图2-19中，对CNH3-2井压裂微地震进行分段显示，第7段到第12段的微地震事件，从图中可以看出，从第9段开始，深层微地震事件异常活跃，后续压裂将深层微裂缝慢慢沟通，直至第11和第12段处产生大量事件，此时地层应力急剧变化，导致套管变形。

YS117H1-4井位于昭通区块东边，首先展示套管变形时的压裂段施工曲线与微地震结合显示动态。图2-20中，下方是第8段压裂施工曲线，随着压裂曲线时间向后推进，微地震事件在待压裂的第13段集中出现，应该是沟通了天然裂缝，液体从第8段区域窜入第13段井周区域。图2-21中，展示的是第8段施工过程中的信号，这些信号大多是破裂剪切信号，即使在停泵后依然有很多信号存在，说明停泵后有压裂液在向套管挤压；另外还有很多裂缝闭合信号。压裂第8段时逐渐有较多大震级事件在第13段产生，正曲率属性显示第13段附近有微裂缝显示，而且第8段和天然裂缝之间有一定的连接通道。

图2-22显示了套管变形处有天然裂缝，这可能是套管变形产生的根本原因。从事件扩展时序上看与压裂施工曲线的分析基本吻合，说明微地震事件是能准确反映压裂施工情况，对一些压裂施工异常情况可做相应指导[19]。如图2-23所示，继续监测第8段至第

12 段微地震事件，发现其重复出现在之前预测的小断层附近。最终，在设计压裂第 13 段区域发现了套管变形。

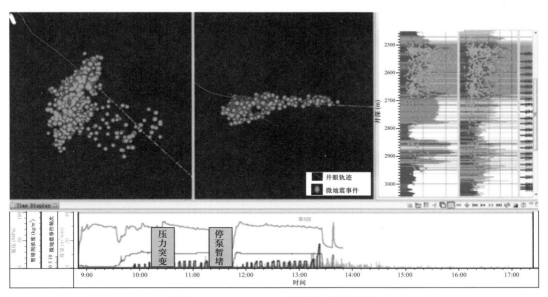

图 2-20　YS117H1-4 井第 8 段动态图

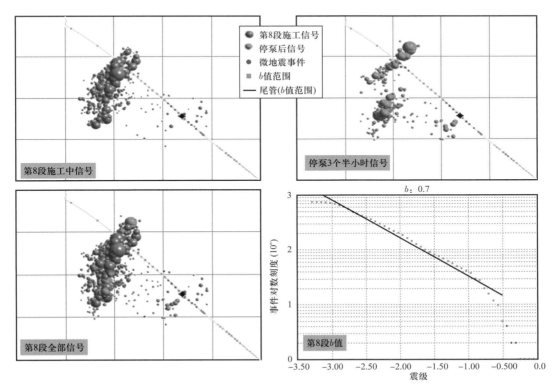

图 2-21　YS117H1-4 井第 8 段事件显示

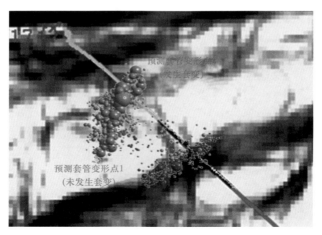

图 2-22　地震预测与现场微地震事件结合显示

● 第8段
● 第9段
● 第10段
● 第11段
● 第12段
● 第13段

图 2-23　YS117H1-4 井第 8 到第 13 段微地震事件图

第五节　油层套管变形井段地质特征分析

　　表 2-6 统计了部分威远长宁地区页岩气水平井的水平段地质特征。主要包含三种类型：（1）由地震解释获取的断层或大裂缝带；（2）由测井解释是别的井筒近井地带地层各向异性；（3）由地质导向过程显示井眼轨迹在不同地层穿越的区域。

　　分析表 2-6，先从单个地质因素上来分析套管失效率，结果见表 2-7，存在断层的区域套管失效率最高，其次为存在层间穿越的钻遇情况，近井筒存在各向异性时套管失效率相对最低。

　　将套管未发生失效的井与发生失效的井的地质状况进行比较，见表 2-8，失效井出现复杂地质特征的频率显著多于未失效井，频率比的大小依次为断层最高，钻遇次之，各向异性最后。进一步比较发生在 A 点附近的复杂地质特征，见表 2-9，发现这种频率差进一步放大，失效井和未失效井在 A 点出现断层的频率比高达 4.33。

表 2-6 页岩气水平井的地质特征统计

类型	井号	断层 （地震解释）	各向异性 （测井解释）	钻遇 （地质导向）
套管失效井	W201-H1		1，1（A）	
	W201-H3		1，2（A）	
	N201-H1	1	1	
	CNH2-1	1，1（A）	1（A）	1（A）
	CNH2-3	1，1（A），1		
	CNH2-6	1	1	1
	CNH2-7	2，1	1	1
	CNH3-1	1（A）	1（A）	1（A）
	CNH3-2	1（A）	1（A）	1（A）
	CNH3-6		1	1
	CNH6-2	1（A）	1（A）	1（A）
	CNH6-6	1（A）	1（A）	1（A）
	CNH9-1	1	2，1	1，1
	CNH9-5	1（A）	2，1（A）	1（A）
	CNH9-6	1（A）	4，1（A）	1（A），2
	W202H3-1	1	1	1
	W202H3-2	1		
	W202H3-3	1，1（A）	2，1（A）	1，1（A）
	W202H3-4	1		
	W202H3-5	1（A），1	1，1（A）	1，1（A）
	W202H3-6	1（A），1	1（A）	1（A）
套管未失效井	CNH2-2	1	2	1
	CNH2-4	1		
	CNH2-5		1	1
	CNH3-3	2	1	1
	CNH3-4		1	1

类型	井号	断层 （地震解释）	各向异性 （测井解释）	钻遇 （地质导向）
套管未失效井	CNH3-5			
	CNH6-1		1（A）	1（A）
	CNH6-3	1	1	
	CNH6-4	1		
	CNH6-5	1	1	1
	CNH9-2	1	1（A）	1（A）
	CNH9-3	1（A）	1，1（A）	1（A）
	CNH9-4		1，1（A）	1（A）
	CNH12-1	1（A）	2	
	CNH12-2		2	
	CNH12-3		3	1
	CNH12-4	1	3	1

表中的数字表明区域的数量，加粗的为发生套管失效的井和区域，带有字母 A 标志的表明该区域在水平井 A 点附近。

表 2-7　单个地质特征处套管失效率

地质特征	数量（段）	发生失效（段）	失效率（%）
断层（地震解释）	37	21	56.7
各向异性（测井）	57	21	36.8
钻遇（层位间穿越）	32	15	46.8

表 2-8　套管失效井和未失效井的地质特征比较

地质特征	出现比率（单井出现频率）		频率比 （失效井／未失效井）
	未失效井	失效井	
断层	0.647	1.23	1.9
各向异性（测井）	1.29	1.47	1.14
钻遇（层位间穿越）	0.647	0.9	1.39

通过比较，可以发现，未失效井出现表中所示 3 种地质特征的频率远低于失效井，尤其在 A 点附近。统计上表明，断层与套管失效的相关性最高，地质导向过程井眼轨迹的

层位间穿越与套管失效相关性次之，近井筒地层各向异性影响相对最小。在 A 点附近出现如上三种地质特征，最易引起套管失效。

表 2-9　A 点附近失效井和未失效井的地质特征比较

地质特征	A 点出现比率（单井出现频率）		频率比
	未失效井	失效井	（失效井 / 未失效井）
断层	0.12	0.52	4.33
各向异性（测井）	0.235	0.62	2.64
钻遇（层位间穿越）	0.235	0.62	2.64
3 种特征合计	0.22	0.65	2.95

将 3 种地质特征进行综合后来分析，还可以得到如下结论：

（1）所有发生失效的井段至少有一项异常地质特征。

（2）只有一种地质特征发生失效的共 7 口井，占发生失效井的 33.3%，其中，5 口井为断层一种特征，占 71.4%。有 2 口井套管在 A 点附近失效。

（3）发生失效的区域只包含两种地质特征的共 2 口井，仅占发生失效井的 9.5%。

（4）发生失效的区域包含 3 种地质特征的共 12 口井，占发生失效井的 57.2%，包含 3 种地质特征的井，只有 23% 的井没有发生失效。

（5）共 13 口井在 A 点附近存在套管失效，占发生失效井的比例高达 62%。

第六节　油层套管变形井段工程特征分析

表 2-10 统计了发生套管失效井段距离 A 点和 B 点的位置。可以发现，在靠近 B 点的井段发生失效的概率很低。其余均发生在压裂井段的中部区域以后，尤其是在靠近 A 点附近，发生套管失效的井段占总失效井段的 56.2%。

可见套管失效一般发生在压裂井段的中后段，尤其越靠近 A 点，风险越大。

表 2-10　套管失效井段发生位置统计

井号	A 点位置（m）	B 点位置（m）	变形位置（m）	变形距离 A 点距离（mm）	变形距离 B 点距离（mm）	总体处于水平段位置
W201-H1	1744	2823.48	2331.5	587.5	491.98	中间
			1882.74	138.74	940.74	靠近 A 点
W201-H3	2910	3647.59	3331	421	316.59	中间
			3001	91	646.59	A 点附近
			2940	30	707.59	A 点附近

井号	A 点位置（m）	B 点位置（m）	变形位置（m）	变形距离 A 点距离（mm）	变形距离 B 点距离（mm）	总体处于水平段位置
N201－H1	2745	3790	3490	745	300	中间靠 B 点
CNH3－1	3010	4010	2934	−76	1076	A 点附近
			2924	−86	1086	A 点附近
CNH3－2	2877	3877	2828	−49	1049	A 点附近
			2837.5	−39.5	1039.5	A 点附近
CNH3－6	3012	4522	3752	740	770	中间
CNH2－1	2790	4190	2727	−63	1463	A 点附近
			2789.48	−0.52	1400.52	A 点附近
CNH2－3	2493	3503	2470	−23	1033	A 点附近
			2974	481	529	中间
CNH2－6	2685	4035	3488	803	547	中间
			3412	727	623	中间
			3277	592	758	中间
CNH2－7	3100	4050	3623.15	523.15	426.85	中间
CNH6－2	2700	4206	2558	−142	1648	A 点附近
CNH6－6	2990	4340	3180	190	1160	靠近 A 点
CNH9－1	3160	4560	3182	22	1378	A 点附近
CNH9－5	3060	4560	2996	−64	1564	A 点附近
CNH9－6	2880	4380	2850	−30	1530	A 点附近
W202H3－1	2850	4160	3399.7	549.7	760.3	中间
W202H3－2	2835	4335	3246	411	1089	中间
W202H3－3	2795	4295	2904	109	1391	A 点附近
			2603	−192	1692	A 点附近
W202H3－4	3000	4450	3716.3	716.3	733.7	中间
W202H3－5	2846	4286	2931	85	1355	A 点附近
			3281	435	1005	中间
W202H3－6	2818	4318	3212	394	1106	中间

表 2-11 统计了套管失效井段的工程特征，统计表明：绝大部分套管失效井段，固井质量为优，固井质量对套管是否发生失效没有显著的相关性[20]。但由于大型分段体积压裂条件下，初始的固井水泥环可能会发生破坏，因此，水泥环对套管本体的保护应该会受到削弱；统计也表明，套管失效区域绝大部分狗腿度比较小，对套管产生的弯曲效应较小；套管失效区域基本上都在上级压裂射孔顶界以上，且距离比较远。同时，没有证据直接证明套管在射孔部位发生了显著的变形，因此，初步认为射孔本身不是导致套管失效的直接原因。

表 2-11　套管失效井段的工程参数统计

井 号	套管失效区域（顶深）	套管失效区域与射孔簇位置关系	井斜狗腿度（°）	套管失效井段固井质量描述
W201-H1	区域 1（2331.5m） 区域 2（1882.74m）	区域 1，距射孔顶界 48m； 区域 2，距射孔顶界 9m	区域 1，86.8/0.4； 区域 2，86.1/1.1	变形段：第 3 段，差 6m，中等 89m；第 8 段，差 16m，中等 84m
N201-H1	区域 1（3491m）	距射孔顶界 95m	区域 1，96/3.9	发生变形段：差 32，好 48
W201-H3	区域 1（3335.36m） 区域 2（3001m） 区域 3（2940m）	区域 1，距射孔顶界 69m； 区域 2，距射孔顶界 182m； 区域 3，距射孔顶界 12m	区域 1，95/1.5； 区域 2，92/4.3； 区域 3，86/2.5	优
CNH3-1	区域 1（2930～2937m）	第二簇和第三簇之间	区域 1，82/3.9	优
CNH3-2	区域 1（2827.90～2834m）	距射孔顶界 6.34m	区域 1，84/7	优
CNH3-6	区域 1（3752m）	距射孔顶界 247m	区域 1，89.78/3.66	合格
CNH2-1	区域 1（3237.6m） 区域 2（2789.48m）	区域 1，距射孔顶界 130m； 区域 2，距射孔顶界 262m	区域 1，97/1.2； 区域 2，91.7/4.65	优
CNH2-3	区域 1（2974.01m） 区域 2（2587.74m）	区域 1，距射孔顶界 120m； 区域 2，距射孔顶界 114m	区域 1，96.8/0.7； 区域 2，96.5/2	优
CNH2-6	区域 1（3488m） 区域 2（3412m） 区域 3（3277m）	区域 1，距射孔顶界 233m； 区域 2，距射孔顶界 43m； 区域 3，距射孔顶界 93m	区域 1，80.21/0.49； 区域 2，80.12/0.62； 区域 3，81.82/0.16	优
CNH2-7	区域 1（3623.15m）	区域 1，距射孔顶界 93m	区域 1，76.23/5.25	优
N201	区域 1（2441.63m）	区域 1，距射孔顶界 54m	区域 1，9.2/7.9	优
CNH6-2	区域 1（2558）	区域 1，距射孔顶界 849m	区域 1，82.90/7.35	优
CNH6-6	区域 1（3180）	区域 1，距射孔顶界 505m	区域 1，82.4/2.65	优

续表

井号	套管失效区域（顶深）	套管失效区域与射孔簇位置关系	井斜狗腿度（°）	套管失效井段固井质量描述
CNH9-1	区域1（3182）	区域1，距射孔顶界89m	区域1，92.99/4.36	优
CNH9-5	区域1（2996）	区域1，距射孔顶界284m	区域1，70.65/2.3	差
CNH9-6	区域1（2850）	区域1，距射孔顶界1473m	区域1，80.55/9.52	优
W202H3-1	区域1（3399.7）	区域1，距射孔顶界286m	区域1，103/0.86	优
W202H3-2	区域1（3246）	区域1，距射孔顶界914m	区域1，99/1.2	优
W202H3-3	区域1（2904）	区域1，距射孔顶界1286m	区域1，99.4/1.9	优
W202H3-4	区域1（3716.3）	区域1，距射孔顶界462m	区域1，80.85/1.4	优
W202H3-5	区域1（3281）	区域1，距射孔顶界846m	区域2，82.5/1.4	优
W202H3-6	区域1（3212）	区域1，距射孔顶界768m	区域1，84.64/1.79	优

由于套管失效区域大量远离最后压裂段，因此，也从侧面反映多级压裂在地层中造成了大范围的应力变化，导致套管失效区域并不直接发生在压裂段[21]。

图2-24统计了长宁地区采用相同井身结构和作业工艺的所有已压裂段的施工参数，从图上看到，最初发生变形前的压裂段参数的分布并没有特别的规律性。鉴于表2-10统计的套管失效位置大部分远离压裂段，因此，推断发生套管失效，有可能并不是一段压裂导致的，可能是多段压裂的累积效果，尤其是平台井，井间的相互干扰，也会不断积累套管失效的风险[22]。

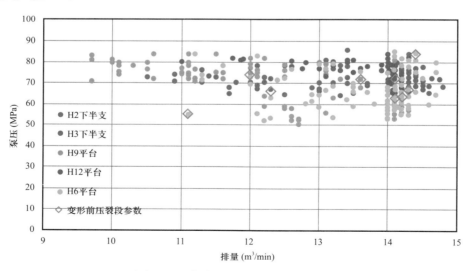

图2-24 完成井施工泵压与排量分布

第七节　油层套管变形影响因素

通过前文套管失效井段地质和工程特征分析，将可能影响到套管失效的因素进行逐一列举并筛选。

一、工程主控因素

压裂前的通井作业证实，套管具有完好的通过能力，没有发生变形。但套管本体状况依然会影响套管在后续作业中保持完整性的能力，主要体现在两方面：套管本体质量存在问题；套管在下入过程可能受到严重的伤害。

（一）套管本体质量影响

套管在出厂前经过了严密的检测，在现场先后使用过各种不同规格的套管，并且套管质量问题导致的套管失效这种情况不可能普遍存在，因此，套管质量问题不是导致套管失效的因素。

（二）下入作业影响

套管下入过程在前期的确存在下入困难的问题，部分井套管全部下入后井口钩载接近为 0，下部套管承受压应力，以 CNH3-1 井为例，可计算 2924m 处（套管失效区域，也在 A 点附近）套管承受 35.25MPa 的压应力，则此处抗内压强度由 102.5MPa 降为100MPa，降低比值仅为 2.4%，对套管强度削弱较小，如图 2-25 所示。

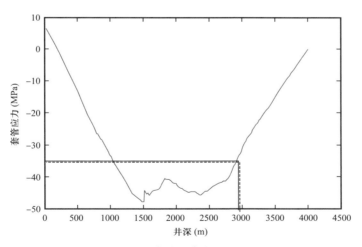

图 2-25　套管残余摩阻的影响
应力负值表示压应力、正值表示拉应力

下套管遇到阻卡现象，一般均采用上提下放的方式，依靠套管重力冲击卡点，则可能导致套管潜在受损，如 W201-H3 井套管成像测井分析表明管有轻微磨痕（图 2-26）。由于磨损较为轻微，对套管强度影响不大，尤其是在后期采用了高钢级厚壁套管后，这种影响更小。

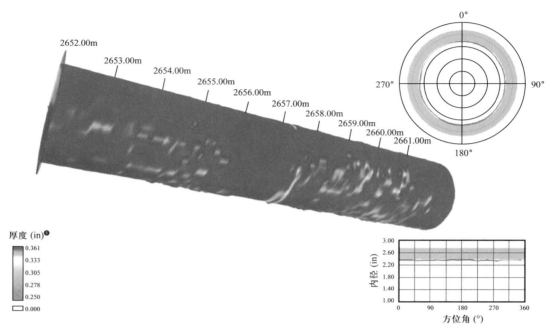

图 2-26　W201-H3 井套管成像测井分析

当前，威远—长宁区块优化了井身轨迹和采用旋转尾管下套管，并优化了通井方案，已经大大改善了套管下入困难的问题，但依然不能避免高钢级大壁厚套管发生失效。因此判断，下套管作业确实对套管强度造成了轻微的影响，但不是导致套管失效的原因。

（三）固井水泥环影响

通过对威远—长宁区块发生套管失效井段的固井质量的统计，发现固井合格率高，大部分为优秀。固井质量与套管失效没有明显的相关性。

但在多段大型水力压裂后，由于压裂产生的高压和温度的变化产生的热胀冷缩，地层的变形挤压等因素，固井水泥环很大可能出现了局部的破坏（缺乏直接的证据），但不存在大段无法对套管进行限制支撑的情况；但局部非均匀破坏的水泥环可能引起套管受到更为非均匀的应力载荷，加剧套管失效，也会造成如前面所计算的，在温度效应的影响下引起套管安全系数的大幅降低。因此，固井水泥环的质量问题是引起套管失效的一个次要因素，但不是主控因素。

（四）井眼轨迹影响

通过对威远—长宁区块发生套管失效井段的井眼轨迹的统计，发现井眼轨迹规则平

---

❶　1in=25.4mm。

滑，超过 54% 的狗腿度甚至低于 3°/30m。井眼轨迹与套管失效没有明显的相关性。井眼轨迹不是导致套管失效的因素。

但如果某井段有较大的井眼轨迹变化，可能会在套管上产生附加的弯曲应力，因此，尽量降低井眼狗腿度，还是可以降低套管失效的概率的。

（五）射孔影响

通过对威远—长宁区块发生套管射孔部位与失效区域的关系统计，射孔部位与发现套管失效区域的距离普遍较远，最远的如 CNH2-1 井，达到了 262m，因此，射孔导致套管强度的削弱不是导致套管失效的原因。

（六）压裂作业影响

统计表明，所有套管失效均发生在压裂以后，因此，压裂与套管失效有直接的关系，压裂对套管失效的影响主要体现在如下几点：

（1）压裂造成了井底大幅度温降，并形成套管内外的大压差和套管的热胀冷缩效应，会显著降低套管的安全系数。计算表明，在 A 点附近套管受到的应力最大，因此，从管柱力学上看，A 点附近套管最为薄弱。

（2）大规模的压裂改变了井周地层的孔隙压力、有效地应力，加剧了地层的地应力差距，破坏了地层的原地应力平衡，容易导致地层在薄弱区域发生滑动剪切破坏套管；同时，地层应力和岩石变形的非均匀变化也在套管上产生非均匀应力导致套管变形失稳。

（3）多级压裂条件下，随着压裂级数和规模的增加，对地层的地应力和岩石变形滑移的影响逐渐加剧，因此，套管失效往往发生在压裂中后段，尤其在靠近 A 点最后几段，套管失效的概率大幅增加。

（4）在同等地质条件下，压裂排量越低，井底压力越低，裂缝净压越低对地层造成的挤压以及对套管产生的内压越低，能够一定程度上改善套管力学状况。

综上所述，认为压裂是导致套管失效的工程主控因素。

二、地质主控因素

前文对套管失效井段的比对分析和对套管失效的机理研究表明：测井显示地层的非均质性强的区域，以及井眼轨迹出现往返穿越不同层位的区域（加剧了井眼周围地层非均质性），断层和大规模天然裂缝带的存在与套管失效紧密相关。

（一）地层非均质性

地层岩石非均质性主要体现在沿深度上，岩石岩性差异大，存在岩性界面；地层岩石的弹性模量和泊松比差异大，因此在受到外力挤压时，岩石变形不一致，岩石容易在岩性界面上破坏，发生滑动，这种差异越大，这种滑动越容易且规模越大。

地应力的非均质性主要体现在沿深度上，水平主应力差异较大。尤其在压裂后，这种差异有进一步加大的趋势。由于地应力的差异，导致地层岩石不同区域受到较大差异的应力作用，更加剧岩石沿薄弱面破裂滑移[24]。

（二）由于井眼轨迹在不同层位穿越带来的井周地层非均值性

这种情况实际是由工程因素导致的，对井眼轨迹掌握不好会放大井周附近非均值性地层的影响。

（三）断层和大规模天然裂缝带

在正常原地应力场条件下，断层和大规模的裂缝带周边地层处于应力平衡状态，当大规模压裂破坏了地层应力平衡后，可能激发这些断层和大规模裂缝带的滑动，造成人工地震，产生强烈的能量释放，破坏套管[25]。

综上所述，在地质上非均质性极强的区域，存在天然断层和裂缝带的区域，是套管失效的高危区域，这些地质特征是导致套管失效的地质主控因素。

第 三 章

体积压裂对水平井井周地层的影响

结合套管变形井段的工程和地质特征分析，可以确定体积压裂改变了井周应力，激活了地层薄弱段，导致断层或天然裂缝带剪切滑移，挤压套管变形[26]。为了研究这种套管变形机理，从地质工程一体化角度入手，定量分析井周应力变化规律，分析总体流程如图 3-1 所示。该流程可以包含为 4 个具体的方法，分别为单井地应力分析方法、三维应力场分析方法、水力压裂数值模拟方法、断层滑动分析方法。

该方法是一个庞大的数据流，涉及的数据包括：测井数据（密度、伽马、电阻率、井壁成像、井壁崩落、井壁诱导裂缝、四六臂井径），测试数据（扩展漏失试验、小型压裂试验），地质数据（断层、裂缝），钻井数据（井眼轨迹等），压裂数据（泵压、排量、压裂段、泵注程序、停泵压力、砂量、微地震数据），套管变形数据（变形位置、MIT 测井）。

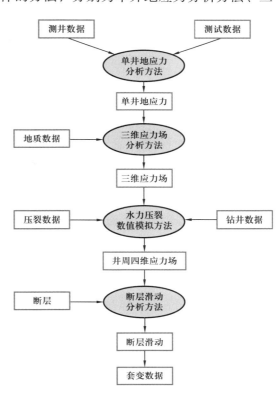

图 3-1　井周应力变化规律分析总体流程

第一节　页岩储层岩石力学特征

页岩是一种成分复杂的沉积岩，具有页状或片层状的节理，主要是由黏土沉积经地下压力和温度形成的岩石，但其中混杂有石英、长石以及其他物质。由于其特殊的节理结构，在力学方面具有明显的各向异性。对页岩进行室内力学实验测量，开展力学参数各向异性的研究对页岩气水平井套管变形具有重要意义[27]。

室内实验所采用的岩样取自威远页岩区块露头，为黑色寒武系页岩（图3-2）。本研究主要针对该页岩的可钻性、单轴抗压强度、单轴抗拉强度、弹性模量、泊松比、硬度、内摩擦角、黏聚力及声波特性等参数开展室内实验研究。

图3-2　页岩露头

取自现场的岩心需要通过重新加工处理后，才符合实验要求。一般岩石力学测试实验前会利用金刚石取心钻头钻取出圆柱状（$\phi25mm$）岩心，然后将岩心的两端面利用车床车平，要保证岩样的高度与直径比为1.8~2.0[28]。由于页岩的水敏性严重，因此在取心过程中用煤油作循环冷却液，防止岩心性质发生变化。为了研究岩心的各向异性，岩样取心共分为7个不同方向，即与层理面法线方向的角度分别为0°，15°，30°，45°，60°，75°，90°。岩样取心示意图如图3-3所示。

一、威远—长宁区块页岩地质力学特征

相较常规油气储层，页岩气储层有其特殊性，如矿物颗粒极其细小、富含有机质和黏土矿物、孔隙度和渗透率极低、纳米级孔喉发育、吸附状天然气比例较大、成岩改造复杂等特殊性。通过调研发现，威远龙马溪组泥页岩储层黏土矿物主要为伊利石、绿泥石、高

岭石和伊/蒙混层，以富含较多的绿泥石和伊利石为主要特征，且龙马溪组页岩演化程度较高，成岩作用较强，并受到多期次的构造运动的影响，底部层段岩心有较为发育的裂缝网络系统[29]。

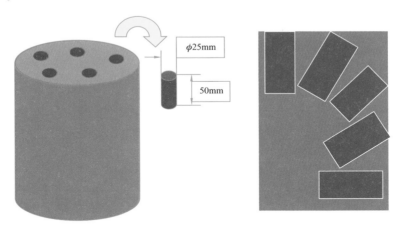

图 3-3　岩样取心示意图

（一）地应力特征

通过项目地质方案资料（图 3-4），可以发现威远地区最大水平主应力方向分布为30°～130°，水平主应力环境复杂。

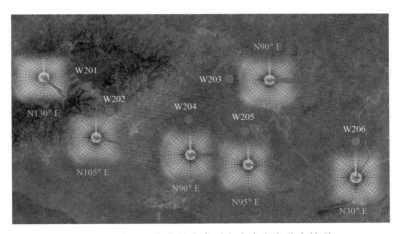

图 3-4　威远区块井最大水平主应力方向分布情况

同时该区域存在明显的裂缝带，导致压裂裂缝沿天然裂缝带延伸，微地震监测显示该区域产生大量微地震事件。其中 W202 井区、W204 井区套管变形区域与天然裂缝分布相关性较好。通过对不同水平应力差异系数水力裂缝起裂延伸进行模拟得到各井的应力差异系数（K_h）（图 3-5），W202 井为 0.32，N201 井 K_h 为 0.29；JY1 井 K_h 为 0.34；W202 井应力差异系数较易形成分支缝，但不利于复杂缝网的延伸和扩展[30]。

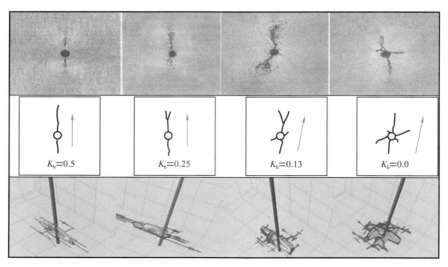

图 3-5　不同水平应力差异系数水力裂缝起裂延伸结果

（二）断层与裂缝特征

长宁区块受多期构造影响，形成不同产状的断裂体系，主要大断层约 50 条，均为逆断层。

威远构造地腹构造层总体格局与地面相似，断层相对发育。总体上以中小断层为主，多数消失在志留系地层内部（图 3-6）。

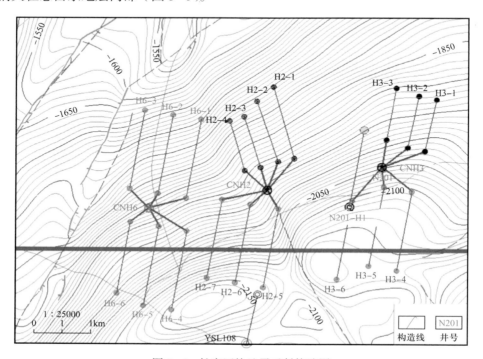

图 3-6　长宁区块地震反射构造图

从以上分析可知该地区龙马溪组裂缝发育，主要受到区域应力的影响，另外还受到了岩性、地层厚度等的影响。龙马溪组页岩裂缝的展布规律在不同的构造部位差别较大，同一地点的不同层段裂缝的发育特征也有所不同，各向异性明显，有必要对该地区页岩进行力学的各向异性特征实验与分析[31]。

二、页岩声学特征试验

声波测井是最常用的一种测井方式，声波时差的大小反应岩石的密度、弹性系数等，通过测定声波的传播速度可以研究和识别岩石的特性。

实验仪器采用美国生产的泰克声波仪（图 3-7），采用 1MHz 的声波探头，蜂蜜作为耦合剂进行测量。测量数据在示波器显示仪所显示的数字，即读数 t'，该数值为声波在岩样中传播所用时间，然后再折合成声波波速。

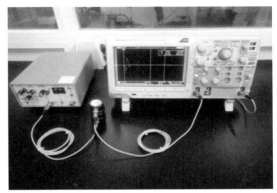

图 3-7　泰克声波仪

（一）声学各向异性特征

分别对岩样在 0°、30°、60° 和 90° 方向进行取心，进行纵波与横波测量实验，实验结果如图 3-8 和图 3-9 所示。

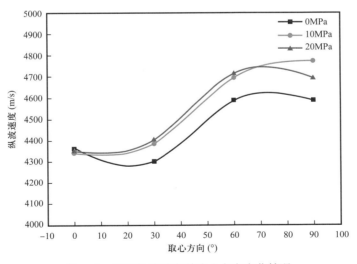

图 3-8　页岩纵波速度随取心方向变化情况

可以看出：垂直层理面的纵波时差低于平行层理面方向的纵波时差；纵波时差最高值出现在岩心轴线与层理面法线夹角的 40°～60° 之间；纵波时差随岩心轴线与层理面法线的夹角成四次函数关系变化，该结果表明岩心声波特性存在各向异性。

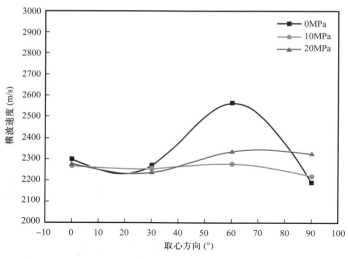

图 3-9 页岩横波速度随取心方向变化情况

可以看出：垂直层理面的横波时差低于平行层理面的横波时差；横波时差最高值出现在岩心轴线与层理面法线夹角的 60°处，整体随层理角度变化不大；横波时差随岩心轴线与层理面法线的夹角成四次函数关系变化。

（二）水化后声学特征

与干燥页岩相比，短期水化后页岩吸水膨胀，充实裂缝、层理，其纵波速度和横波速度变大（图 3-10 和图 3-11）。随轴向应力的增大，水化作用对声波速度的影响降低。

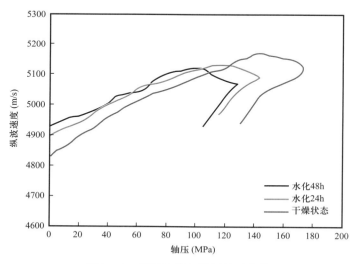

图 3-10 纵波速度与轴压关系曲线

三、页岩各向异性力学试验

岩样各向异性力学试验测试结果见表 3-1。

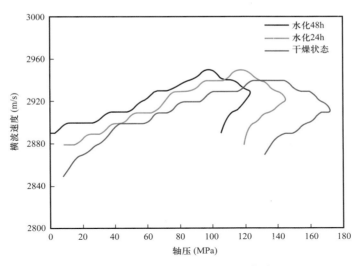

图 3-11 横波速度与轴压关系曲线

表 3-1 岩样各向异性力学试验测试结果

序号	岩心编号	取心方向（°）	围压（MPa）	抗压强度（MPa）	弹性模量（GPa）	泊松比	纵波速度（m/s）	横波速度（m/s）
1	1-1	0	0	127.58	25.40	0.32	4354	2299
2	1-2	0	10	180.09	45.23	0.38	4363	2272
3	1-3	0	20	244.49	55.76	0.41	4345	2278
4	1-4	0	30	272.04	60.10	0.41	4362	2214
5	2-1	30	0	47.76	21.89	0.23	4406	2270
6	2-2	30	10	79.44	29.74	0.34	4303	2258
7	2-3	30	20	118.55	33.66	0.32	4390	2238
8	2-4	30	30	155.36	39.67	0.35	4264	2234
9	3-1	60	0	112.40	16.35	0.30	4715	2563
10	3-2	60	10	160.04	25.07	0.27	4587	2279
11	3-3	60	20	166.41	25.14	0.36	4695	2337
12	3-4	60	30	208.36	26.92	0.26	4669	2391
13	4-1	90	0	128.05	13.50	0.36	4695	2190
14	4-2	90	10	173.55	23.20	0.32	4826	2222
15	4-3	90	20	197.54	23.05	0.26	4774	2649
16	4-4	90	30	221.54	24.44	0.25	4972	2325

（一）抗压强度各向异性

岩石抗压强度是指岩石在压力作用下抵抗破坏的能力。破坏前所能承受的最大压力称为极限压力，单位面积上的极限压力称为极限抗压强度[32]。岩石抗压强度的单位是 MPa。

本次抗压强度试验在中国石油大学（华东）石仪科技实业发展公司研制的 WYY-1 型全自动岩石硬度测定仪上进行，更换压头即可测试岩石的单轴强度，岩心上钻取 25mm 圆柱形岩心，岩心长径比大于 2.0，以消除岩样尺寸对岩石抗压强度值的影响。岩性两端面在车床上加工，达到国际岩石力学学会规定的试验标准。

实验时，将岩样置于托盘，加压过程由电脑自动控制轴向载荷匀速加载，采集周期为 6 个/s。当岩心断裂时，停止实验，最后由电脑处理直接得出抗压强度。具体实验结果见表 3-2。

表 3-2　岩样抗压强度测试结果（单轴）

岩心轴线与层理法线夹角（°）	0	15	30	45	60	75	90
单轴强度（MPa）	196.942	160.340	137.330	122.030	98.900	117.66	155.530

将页岩不同方向的单轴抗压强度与其对应的方向角度进行非线性分析，得到关系模型，如图 3-12 所示。

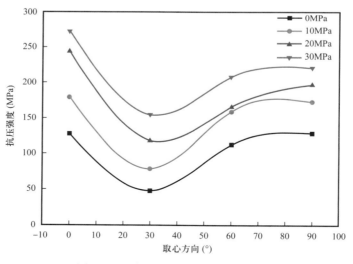

图 3-12　单轴抗压强度各向异性模型

垂直层理面方向的单轴强度小于平行层理面方向的单轴强度；单轴强度最低值出现在岩心轴线与层理面法线夹角的 45° 之间；单轴强度随岩心轴线与层理面法线之间的夹角成三次函数关系变化，该结果表明岩心的单轴抗压强度具有各向异性[33]。

（二）抗拉强度各向异性

岩石的抗拉强度就是岩石试样在单向拉力作用下抵抗破坏的极限能力，该极限能力在数值上等于破坏时的最大拉应力。

测量单轴抗拉强度一般采用巴西劈裂实验法，该实验方法是在一圆柱岩样径向进行线性载荷压缩，直至岩样破坏，求得岩样在破坏时载荷在岩样中心的最大拉应力。该试验在中国石油大学（华东）石仪科技实业发展公司研制的 WYY-1 型全自动岩石硬度测定仪上进行，更换托盘将托盘夹持岩心后放于承压板中心即可，实验数据由电脑自动处理输出。具体实验结果见表 3-3。

表 3-3　岩样抗拉强度测试结果

夹角（°）	0	15	30	45	60	75	90
抗拉强度（MPa）	14.81	12.47	11.09	8.0	6.17	7.59	10.47

将页岩不同方向的单轴抗拉强度与其对应的方向角度进行非线性分析，得到关系模型，如图 3-13 所示。

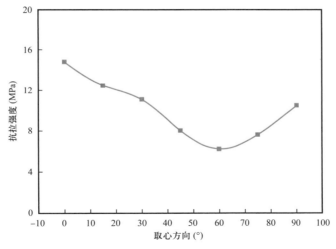

图 3-13　单轴抗拉强度各向异性模型

由图 3-14 可以看出：垂直层理面的抗拉强度小于平行层理面的抗拉强度；抗拉强度最低值出现在岩心轴线与层理面法线夹角的 45°～60° 之间；抗拉强度随岩心轴线与层理面法线之间的夹角成四次函数关系变化，该结果表明岩心存在各向异性。

（三）弹性模量各向异性

将页岩不同方向的弹性模量与其对应的方向角度进行非线性分析，得到关系模型，如图 3-15 所示。

由图 3-14 可得出如下结论：垂直层理面方向的弹性模量大于平行层理面方向的弹性模量；弹性模量最低值出现在岩心轴线与层理面法线夹角的 45° 左右；弹性模量随岩心轴线与层理面法线之间的夹角成四次函数关系变化，该结果表明岩心具有各向异性[34]。

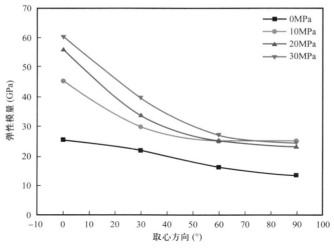

图 3-14 弹性模量各向异性模型

（四）泊松比各向异性

将页岩不同方向的泊松比与其对应的方向角度进行非线性分析，得到关系模型，如图 3-15 所示。

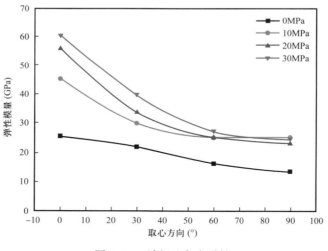

图 3-15 泊松比各向异性

由图 3-16 可得出如下结论：垂直层理面方向的泊松比大于平行层理面方向的泊松比；泊松比最高值出现在岩心轴线与层理面法线夹角的 30°～45°之间；泊松比随岩心轴线与层理面法线之间的夹角成二次函数关系变化，该结果表明岩心存在各向异性。

四、高温高压下页岩岩石力学试验

随着页岩开采向深部储层进展，储层的围压和温度都明显升高。前人研究结果表明高温高压对岩石力学性质会产生影响，这里采用 GCTS 岩石三轴力学实验系统（图 3-16）模拟储层高温高压环境对威远—长宁区块露头岩心进行岩石力学实验，并与常温低围压条件下进行的实验结果进行对比[35]。实验条件及部分测试结果如表 3-4 和图 3-17 所示。

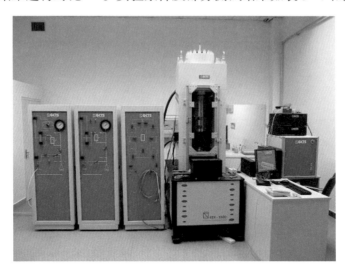

图 3-16　GCTS 岩石三轴力学实验系统

表 3-4　页岩岩石力学实验参数及结果

样品编号	取心方向	实验条件			测试结果	
		围压（MPa）	孔隙压力（MPa）	温度（℃）	泊松比	杨氏模量（MPa）
1	水平 0°	30	0	25	0.2077	36446
2	水平 45°	30	0	25	0.1791	35075
3	水平 45°	30	0	25	0.2788	34018
4	水平 90°	30	0	25	0.1862	34563
5	水平 0°	40	0	110	0.196	35281
6	水平 45°	60	0	110	0.2286	36227
7	水平 90°	80	0	110	0.2114	36245
8	水平	60	0	110	0.186	35519

　　实验结果表明：低围压常温条件下，页岩破坏前基本为线弹性变形；高温高压条件下，页岩破坏前延性阶段增加，非线性变形特征显著，如图 3-17（a）所示；高温高压条件下，裂纹扩展过程中能量耗散更大，岩石脆性显著降低，如图 3-17（b）所示。

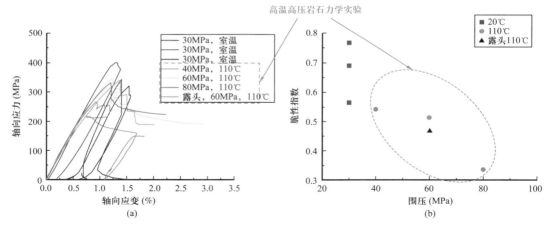

图 3-17 不同实验条件下页岩变形和脆性特征对比

第二节 单井地应力分析

单井地质力学建模按照垂直应力、孔隙压力、岩石力学参数、最小水平地应力、最大水平地应力和最大水平地应力方向的顺序进行[36]，如图 3-18 所示。

垂直主应力根据岩石密度测井曲线的积分求取，即：

$$S_v = \int_0^z \rho(z) g \mathrm{d}z \qquad (3-1)$$

式中 $\rho(z)$——岩石密度；

g——重力加速度。

如果没有密度测井，可以从声波提取伪密度曲线。通常表层井段没有测井数据，一般可以用幂函数来拟合。

通过处理声波、密度、电阻率与自然伽马等测井数据，根据泥岩地层欠压实理论，采用伊顿法、比值法和等深度法等方法进行孔隙压力的检测，获得孔隙压力剖面，再根据地层孔隙压力实测数据进行校验和修正，建立准确的地层孔隙压力剖面[37]。

根据井壁破坏信息确定最大水平地应力方向。在直井中，最大水平地应力方向与钻井诱导裂缝方向一致，而与崩落方向垂直。

最小主应力是利用有效应力比方法来确定。在实施漏失试验或小型压裂试验的深度，按式（3-2）计算有效应力：

$$\mathrm{ESR}_{S_{h\min}} = \frac{\left(S_{h\min} - p_p\right)}{\left(S_v - p_p\right)} \qquad (3-2)$$

图 3-18 单井地应力建模流程

式中 $ESR_{Sh_{min}}$——计算 $S_{h\,min}$ 有效应力比；

S_v——垂直应力，kPa；

$S_{h\,min}$——最小（水平）应力，kPa；

p_p——孔隙压力，kPa。

根据每个可用的漏失试验 / 小型压裂计算有效应力比，然后对所得的点进行曲线或直线拟合，再据此得出连续的最小水平应力趋势。

最大水平地应力的大小是根据井壁破坏信息（井壁崩落和井壁诱导裂缝）确定的。具体的计算涉及最小水平地应力、孔隙压力、垂直应力、岩石单轴抗压强度和钻井液液柱压差等。陈朝伟等（2014）结合石油工程中的实际资料，编制了最大水平地应力计算分析流程，如图 3-19 所示。

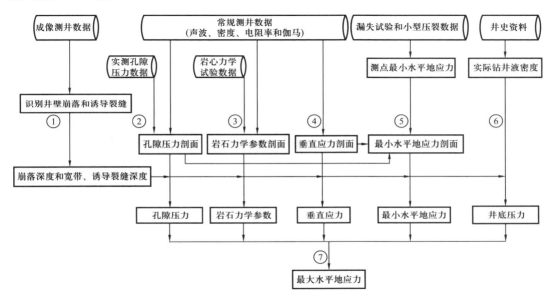

图 3-19 最大水平地应力计算分析流程图

第三节 三维应力场分析

三维地应力场分析方法按照地质建模，储层地质力学网格划分，材料模型赋值，加载断层面，设置应力条件和边界条件，最后进行有限元计算，获得区域应力场。有限元计算采用模拟器 VISAGE 完成，而前后处理工作全部在 Petrel 平台中完成。总的分析流程如图 3-20 所示。

一、新建 / 编辑地质力学网格

设置上覆、下伏和侧向岩层网格，如图 3-21 所示。

设置网格旋转，如图 3-22 所示。

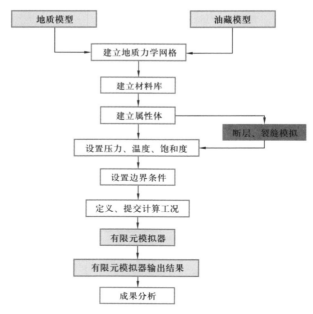

图 3-20　三维应力场分析流程

图 3-21　设置上覆、下伏和侧向网格

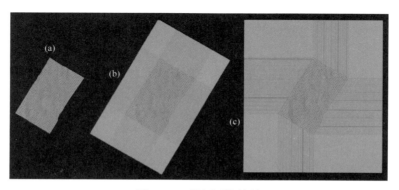

图 3-22　设置网格旋转

　　确保边界荷载均匀施加，防止出现应力集中，设置边界刚性单元厚度为 50ft。

二、建立材料属性

一共有两类材料：其一为完整岩体，需要定义弹性模型和屈服准则；其二为不连续体，包括断层、裂缝，需要定义刚度、强度和间距。

设置完整岩石弹性参数，如图 3-23 所示。

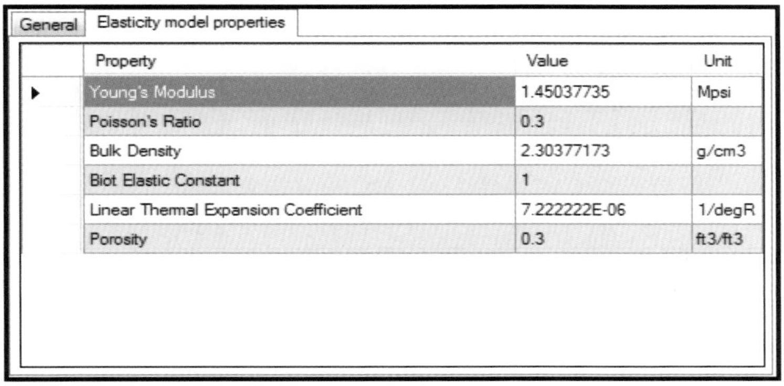

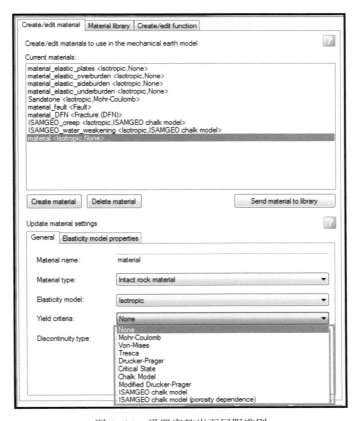

图 3-23　设置完整岩石弹性参数

设置完整岩石屈服准则，如图 3-24 所示。

图 3-24　设置完整岩石屈服准则

创建/编辑不连续体岩石材料，输入材料参数，如图 3-25 所示。

Property	Value	Unit
Fault Normal stiffness	176830.016	psi/ft
Fault Shear stiffness	66311.25	psi/ft
Cohesion	0.14503774	psi
Friction Angle	20	deg
Dilation Angle	10	deg
Tensile Strength	0.14503774	psi
Initial Opening	0	

图 3-25　设置不连续体岩石材料参数

三、属性建模过程

创建新的属性体，如图 3-26 所示。

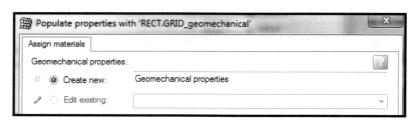

图 3-26　创建新的属性体

每种材料都有一组不同的参数，每个参数对应了一个独立的属性体。在同一个区域内，指定一种岩石种类（材料），创建一系列相应的属性体，有 3 类方法，分别是嵌入位置、索引、离散体，如图 3-27 所示。

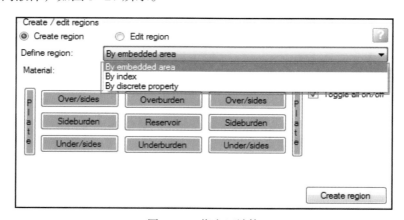

图 3-27　指定区域体

四、不连续体建模过程

不连续体包括断层和网格两种类型。断层/裂缝分为两个不同的分选项，如图 3-28 所示。

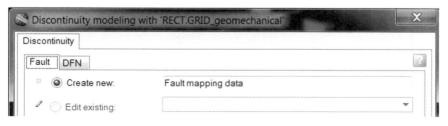

图 3-28 不连续体选项

从 Input 栏导入断层面，输入断层名与对应的材料名，如图 3-30 所示。

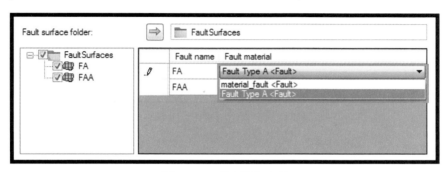

图 3-29 不连续体选项

裂缝会被自动选入，裂缝名称顺序与 Model 栏一致，给裂缝赋予相应的材料名，如图 3-30 所示。

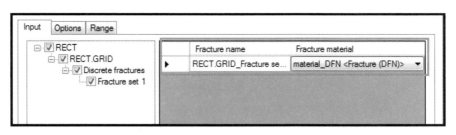

图 3-30 给裂缝赋予材料名

对于断层裂缝参数用刚度来表示，影响断层/裂缝作用效果的是 K_nS，K_n 是法向刚度，S 是断层穿过单元时被穿过的两个面的距离，在估算参数的时候可以取单元平均尺寸，$K_nS=E_{intact}$，E_{intact} 是目的层完整岩块的平均杨氏模量，这种做法的效果大致会使断层穿过的单元刚度降低一半，K_s 取 $0.5K_n$。加载所有断层面、裂缝面，材料参数选对应的断层和裂缝的材料模型。

五、定义孔隙压力、温度和饱和度

启用初始孔隙压力、温度和饱和度，如图 3-31 所示。

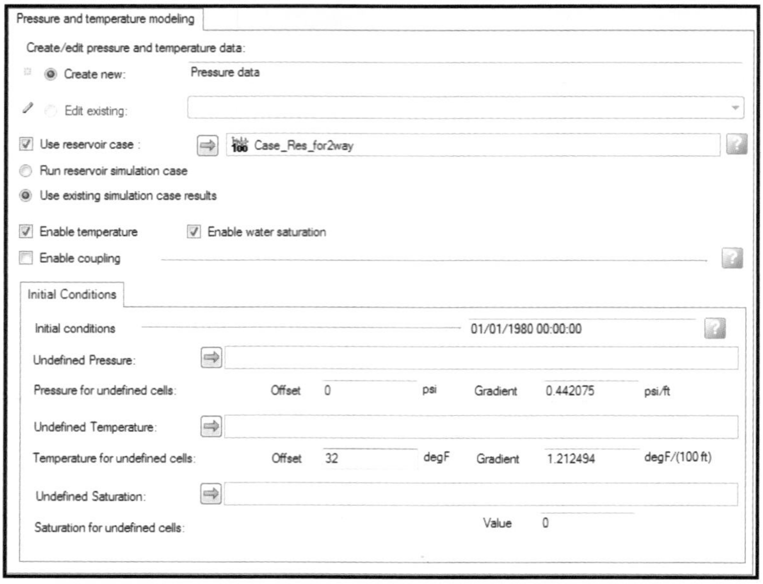

图 3-31　启用初始孔隙压力等

孔隙压力可以采用油藏模拟结果，也可以使用属性计算器。温度 / 饱和度的输入与之类似。油藏模拟结果可能局限于储层网格，可采用线性梯度，根据单元的深度计算孔隙压力 / 温度，如图 3-32 所示。

图 3-32　设置孔隙压力计算梯度

有两种方式，其一为单向耦合，其二为双向耦合。单向耦合将油藏模拟结果作为地质力学的输入信息，如图 3-33 所示。

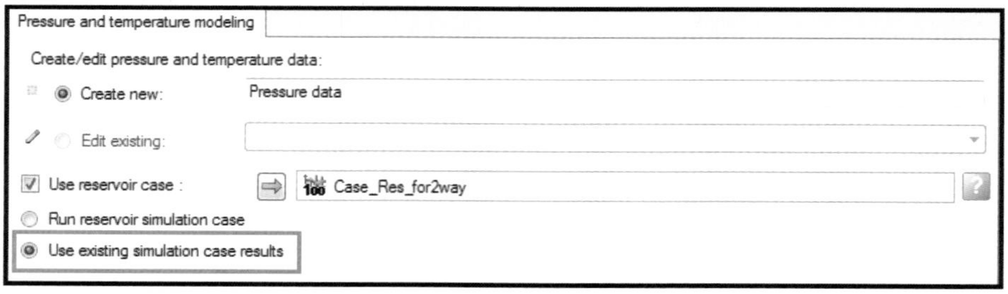

图 3-33　单向耦合

双向耦合是 ECLISPE 提供孔压 / 温度 / 饱和度，VISAGE 提供渗透率，反复迭代，如图 3-34 所示。

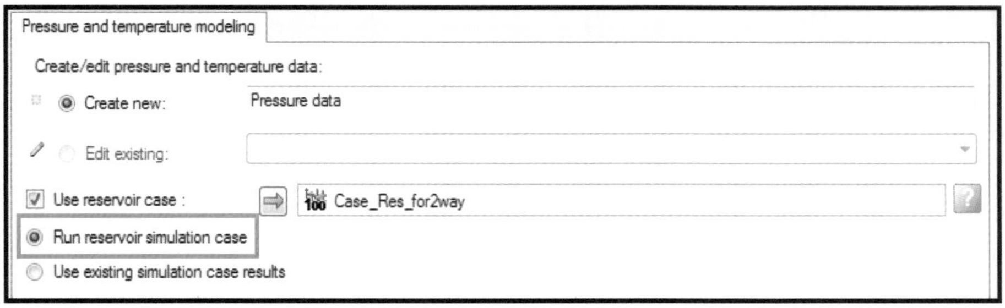

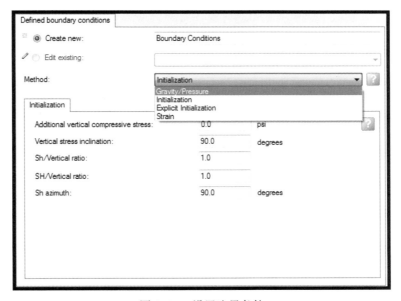

图 3-34　双向耦合

六、设置边界条件

有 4 种方法定义初始应力场，分别是重力 / 压力法、初始化法、精细初始化法和应变法，如图 3-35 所示。

图 3-35　设置边界条件

七、定义地质力学模拟工况

使用地质力学模拟器 VISAGE，将之前定义的岩石参数、孔压、温度和边界条件等组装到模拟工况中，如图 3-36 所示。

还需要设置时步选择，在双向耦合中，用于更新渗透率，用于输入断层 / 裂缝，选择计算渗透率的方法，计算井周渗透率和连通率，计算孔隙度变化。

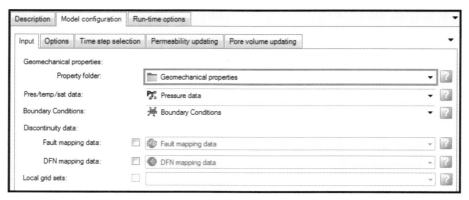

图 3-36　定义模拟工况

八、模拟运算结果的导入与分析

计算之后，导入模拟结果，模拟的主应力如图 3-37 所示。

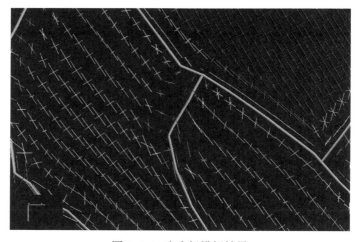

图 3-37　应力场模拟结果

第四节　水力压裂数值模拟和四维应力场

一、水力压裂数值模拟

采用 FracMan 软件实现水力压裂数值模拟，以及计算压裂造成的井周四维应力场。FracMan 中的水力压裂模拟基于临界应力分析理论。诱导拉伸裂缝平行于最小地应力方向扩展。相交的天然裂缝将被检测是否可被膨胀，同时，压裂液将泵入可膨胀的裂缝中。可膨胀裂缝是裂缝正应力小于裂缝孔隙压力的裂缝。FracMan 通过维持压裂液泵送体积和天然裂缝与水力裂缝膨胀的体积的平衡来模拟水力压裂。裂缝容纳的流体体积与岩石的弹性属性、应力状态和裂缝内孔隙压力有关,这些参数可以通过离散裂缝网格按时间步长求解本构方程求得。

泵送流体的总体积分为水力裂缝和相连通的易于膨胀的天然裂缝网络。在每个时间步骤,用户指定总体积的一部分用来形成水力裂缝。随后,水力裂缝扩展基于 Secor 和 Pollard(1975)的理论。如果裂缝的孔隙压力超过其正应力($p_{frac} > \sigma_N$),相交的天然裂缝将被评估流体注入的可能性。在正应力高于裂缝孔隙压力的情况下,裂缝是不可膨胀的。可膨胀天然裂缝的孔径根据 Secor 和 Pollard 的模型进行计算。如果连通的膨胀天然裂缝网络不能容纳泵入流体总体积,剩余的体积将被泵入水力裂缝使其延伸更远。

通过临界应力分析裂缝激活的可能性。依靠裂缝孔隙压力、最大与最小水平地应力、裂缝方位和裂缝的力学参数可以确定裂缝的力学状态[38],例如光滑的非扩张裂缝、粗糙的剪切扩张裂缝或者膨胀的裂缝(图 3-38)。扩张的(非膨胀的)裂缝可以成为孔隙压力快速扩散的通道。

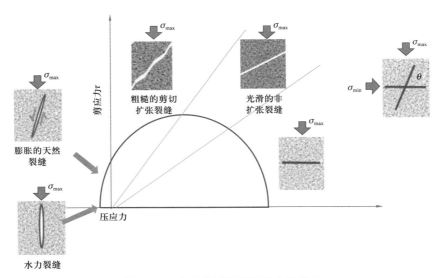

图 3-38 各种类型的裂缝的力学状态

FracMan 水力压裂模拟和四维应力场计算是基于离散裂缝网格(DFN)方法,该方法是目前世界上描述裂缝的一项先进技术,它通过展布于三维空间中的各类裂缝片组成的裂缝网络集团来构建整体的裂缝模型,实现了更加接近于实际地层裂缝体系的有效描述方法[39](图 3-39)。

对裂缝进行有限元网格划分。可以指定单元大小对水力裂缝和天然裂缝 / 断层进行网格划分。应根据模型的尺寸与复杂性、结构层厚度和计算约束来定义单元大小。模拟时间随模型中的裂缝单元数量线性增加。下面解释的网格算法倾向于生成用户指定的平均大小方形单元。

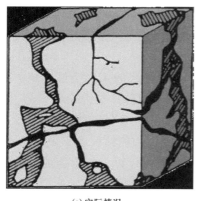
(a) 实际情况

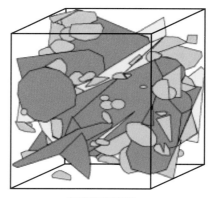
(b) 离散裂缝网格

图 3-39　离散裂缝网格（DFN）方法应用示例

为了对由凸多边形表示的平面裂缝进行网格划分，假设裂缝周围的二维边界为矩形并且网格化为更小的，尺寸相等的网格（也是矩形）。网格数由用户定义的单元大小确定：

$$numGridX=INT（Bounding\_Length/element\_size+0.5）$$

$$numGridY=INT（Bounding\_Width/element\_size+0.5）$$

其中 numGridX 是沿着边界矩形长度的网格数，numGridY 是沿宽度的网格数。因此，网格尺寸，网格长度和网格宽度与原始裂缝尺寸和指定的单元尺寸略有不同。

$$gridLength=Bounding\_Length/numGridX$$

$$gridWidth=Bounding\_Width/numGridY$$

进一步使用三角形或四边形单元校正裂缝的边缘，并确保在网格化之后保留裂缝区域。对于面积小于指定元素区域（element_size × element_size）150%的小裂缝，仅创建一个单元。如果裂缝是四边形，则将该单元设置为裂缝的边界矩形或裂缝原始几何形状。

对于棋盘形裂缝，网格划分过程取决于裂缝是平面的还是弯曲的。对于平面情况，首先构造棋盘形裂缝的轮廓并简化为一个多边形，然后按照上述步骤在裂缝上形成网格。对于弯曲裂缝，网格划分过程遵循 FracMan 中的"表面抽取"方法。用户输入的单元大小参数是表面抽取中的关键参数，其中在裂缝表面上形成相等大小的三角形。对于水力压裂模拟，来自"表面抽取"的大多数三角形单元被成对地组合成四边形单元。表面边缘上的奇数个三角形可以保留为三角形单元。

从而实现水力裂缝扩展过程中，不断沟通天然裂缝，实现了水力压裂的数值模拟过程，如图 3-40 所示。

二、井周扰动孔隙压力的计算

水力压裂过程中，水力裂缝扩展，沟通天然裂缝，流体从射孔向井周流动，井底压力会引起裂缝内孔隙压力的变化，从而引起有效应力场的变化。

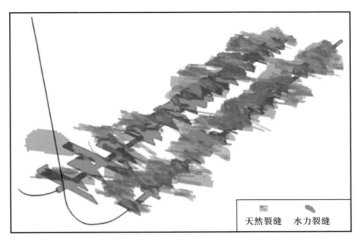

图 3-40　水力压裂数值模拟水力裂缝和天然裂缝

（一）膨胀裂缝内的孔隙压力计算

为了模拟基岩或不可膨胀裂缝的渗漏以及由于裂缝表面的流动阻力引起的压力降低，通过定义压降斜率 s，裂缝孔隙压力会从井眼压力（泵压）开始线性下降。孔隙压力斜率描述了射孔点与距射孔点最远流动处的压降变化。

根据下面的经验公式计算裂缝孔隙压力：

$$p_{pore} = \left(p_{pump} - \sigma_{3max} \right)\left(1 - \frac{sd}{d_{max}} \right) + \sigma_{3max} + \rho g dh \tag{3-3}$$

式中　p_{pore}——裂缝孔隙压力，kPa；

　　　p_{pump}——泵压，kPa；

　　　σ_{3max}——最小主应力的最大值，kPa；

　　　d——从井注入点到裂缝单元的流动距离，m；

　　　d_{max}——最大流动距离，m；

　　　ρ——流体密度，g/cm^3；

　　　g——重力加速度，m/s^2；

　　　dh——从井注入点到裂缝单元的垂直高度，m。

图 3-41 显示了当不包括静压时，裂缝孔隙压力如何随着流动距离以一定斜率的函数形式下降。在井注入点处压力设为泵压。孔隙压力沿着流动路径下降，这可能是由于周围基岩的渗漏或裂缝面上的流动阻力造成的。这个影响因素通过参数 s 来考虑。如果定义 s 为零则没有压力降低，仅考虑水力部分的压力；相反，如果定义 s 为一个数，则表示裂缝孔隙压力等于裂缝尖端的正应力。

（二）可能发生剪切的裂缝内孔隙压力计算

水力压裂模拟完成后，水力剪切的计算部分就开始运行。膨胀裂缝尖端处的压力用于计算沿其他相连接的未被膨胀的裂缝的压耗，该裂缝没有被膨胀，但可能承受足够大的剪切应力导致滑移，如图 3-42 所示。

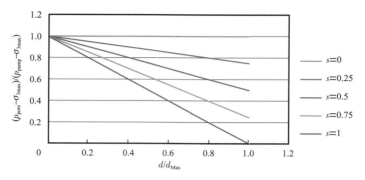

图 3-41　裂缝孔隙压力的变化

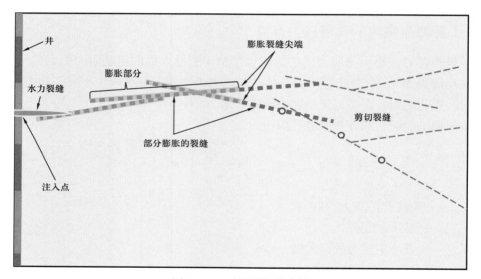

图 3-42　三类裂缝示意图

通过定义指数 s 来控制膨胀裂缝尖端的孔隙压力减小到未受扰动的储层压力的速度，有：

$$\frac{p_{\text{tip}} - p}{p_{\text{tip}} - p_{\text{R}}} = \left(\frac{d - d_{\text{tip}}}{d_{\text{R}} - d_{\text{tip}}} \right)^{s} \tag{3-4}$$

式中　p_{tip}——膨胀裂缝尖端的孔隙压力，kPa；

　　　p——沿着裂缝路径上任一点的局部孔隙压力，kPa；

　　　p_{R}——在 d_{R} 处的储层压力，kPa；

　　　d——从注入点到局部一点处的路径距离（超出膨胀裂缝尖端），m；

　　　d_{tip}——从注入点到膨胀裂缝尖端的路径距离，m；

d_R——从注入点到孔隙压力不受水力压裂影响并且等于储层压力的点的路径距离，m。

距离 d 是沿着裂缝压力扰动减小至零的路径距离。它需要足够短以适应模型；同时需要足够长以考虑到在一定距离处记录到的微地震活动。

三、井周四维应力场计算

四维应力场是针对压裂过程展开的水力压裂—孔隙压力场模拟研究，获得随时间变化的井周孔隙压力场和应力场。水力压裂过程往往伴随着井筒完整性、裂缝渗透率变化和断层激活滑动等力学问题，影响压裂的安全，可能危及作业安全。基于 FracMan 软件平台，结合三维应力场和扰动孔隙压力场，能够追踪压裂过程孔隙压力场和应力场的变化，为断层滑动分析提供依据，降低压裂风险。

四维应力场源于孔隙压力场的变化，是通过有效应力的概念实现的。有效应力的概念最早是由 Terzaghi（1923）提出来的，在他的土力学著作中指出，土体的行为（或饱和岩石）受有效应力（外部应力和内部孔隙压力之差）的控制。Terzaghi 定义的有效应力为：

$$\sigma_{ij}=S_{ij}-\delta_{ij}p_p \tag{3-5}$$

式中　σ_{ij}——有效应力，kPa；

　　　S_{ij}——上层压力，kPa；

　　　δ_{ij}——等效孔隙压力系数；

　　　p_p——孔隙压力，kPa。

孔隙压力影响应力张量中的正应力分量 σ_{11}，σ_{12} 和 σ_{13}，而不影响剪切分量 σ_{12}，σ_{23} 和 σ_{13}。

如图 3-44（a）给出的示意图，作用于颗粒上的应力为外部施加的法向应力与内部流体压力之差。如果考虑单个颗粒接触面的受力状态，所有作用于颗粒上的力都转移至颗粒接触面上。因此，可得平衡方程为：

$$F_T=T_g \tag{3-6}$$

式中　F_T——颗粒表面所受的力，kN；

　　　T_g——作用于颗粒接触面的力，kN。

将式（3-6）表示成应力和面积的形式：

$$S_{ii}A_T = A_c\sigma_c +\left(A_T - A_c\right)p_p \tag{3-7}$$

式中　S_{ii}——颗粒所受上层压力，kPa；

　　　A_T——颗粒接触总面积，m²；

　　　A_c——颗粒接触面积，m²；

　　　σ_c——作用于颗粒接触面的有效法向应力，kN。

引入参数 $a=A_c/A_T$，式（3-7）还可改写为：

$$S_{ii} = a\sigma_c +\left(1-a\right)p_p \tag{3-8}$$

取 a 趋向于 0 的极限时，可得到颗粒间的应力：

$$\lim_{a \to 0} a\sigma_c = \sigma_g \qquad (3-9)$$

因此作用于颗粒的"有效"应力 σ_g 可表示为：

$$\sigma_g = S_{ii} - (1-a)p_p = S_{ii} - p_p \qquad (3-10)$$

图 3-43 所示为孔隙介质示意图。

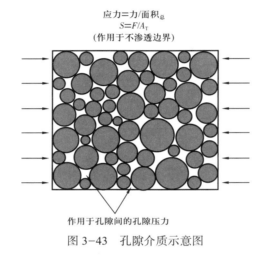

应力=力/面积$_{总}$
$S = F/A_T$
（作用于不渗透边界）

作用于孔隙间的孔隙压力

图 3-43　孔隙介质示意图

第五节　井周断层应力状态和断层激活条件

现场数据表明，页岩气压裂造成套管变形，主要是由于压裂引起断层滑动引起的。下面是具体的断层滑动的定量计算方法[40]。

一、地理坐标系下的应力张量

主应力坐标系下，可以用 S 来表示深部岩石应力场，其中 $S_1 \geqslant S_2 \geqslant S_3$。

$$S = \begin{pmatrix} S_1 & 0 & 0 \\ 0 & S_2 & 0 \\ 0 & 0 & S_3 \end{pmatrix} \qquad (3-11)$$

首先需要定义两个坐标系：（1）地理坐标系，X、Y 和 Z 分别表示地理方位上的 N（北）、S（东）和 V（垂直向下）方向；（2）应力坐标系，应力坐标系 x_s、y_s 和 z_s 分别对应于主应力 S_1、S_2 和 S_3 的方向。旋转角 a、b 和 c 是根据地理坐标系定义的应力坐标的欧拉（转动）角，a 是关于 Z 轴正方向旋转的欧拉角，其范围为 $0° \leqslant a \leqslant 360°$，$b$ 是关于新坐标系下 Y' 轴正方向旋转的欧拉角，其范围为 $-90° \leqslant b \leqslant 90°$，$c$ 是关于最新坐标系 X'' 轴正方向旋转的欧拉角，其范围为 $0° \leqslant c \leqslant 360°$。

地理坐标系与应力坐标系之间旋转对应规则是 $X-x_s$，$Y-y_s$，$Z-z_s$，通过坐标系旋转的方向余弦，同时依据不同旋转轴的旋转方式，可以得出相应的变换矩阵。绕 Z 轴旋转得到的变换矩阵为：

$$R_z(a) = \begin{pmatrix} \cos(a) & \sin(a) & 0 \\ -\sin(a) & \cos(a) & 0 \\ 0 & 0 & 1 \end{pmatrix} \tag{3-12}$$

绕 Y' 轴旋转得到的变换矩阵为：

$$R_y(b) = \begin{pmatrix} \cos(b) & 0 & -\sin(b) \\ 0 & 1 & 0 \\ \sin(b) & 0 & \cos(b) \end{pmatrix} \tag{3-13}$$

绕 X'' 轴旋转得到的变换矩阵为：

$$R_x(c) = \begin{pmatrix} 1 & 0 & 0 \\ 0 & \cos(c) & \sin(c) \\ 0 & -\sin(c) & \cos(c) \end{pmatrix} \tag{3-14}$$

可以得出坐标系转换的变换矩阵 R_1：

$$R_1(a,b,c) = R_x(c) R_y(b) R_z(a) \tag{3-15}$$

$$R_1 = \begin{pmatrix} \cos(a)\cdot\cos(b) & \sin(a)\cdot\cos(b) & -\sin(b) \\ \cos(a)\cdot\sin(b)\cdot\sin(c)-\sin(a)\cdot\cos(c) & \sin(a)\cdot\sin(b)\cdot\sin(c)+\cos(a)\cdot\cos(c) & \cos(b)\cdot\sin(c) \\ \cos(a)\cdot\sin(b)\cdot\cos(c)+\sin(a)\cdot\sin(c) & \sin(a)\cdot\sin(b)\cdot\cos(c)-\cos(a)\cdot\sin(c) & \cos(b)\cdot\cos(c) \end{pmatrix}$$

在正断层中，当最大水平主应力方位角 $\text{Azi}_{S_H} < 90°$ 时，其旋转角为：

$$a = \text{Azi}_{S_H} + 3\pi/2, \quad b = \pi/2, \quad c = 0$$

当 $\text{Azi}_{S_H} > 90°$ 时，其旋转角为：

$$a = \text{Azi}_{S_H} - \pi/2, \quad b = \pi/2, \quad c = 0$$

在走滑断层中，旋转角的大小与断层倾向无关，其值为：

$$a = \text{Azi}_{S_H}, \quad b = 0, \quad c = \pi/2$$

在逆断层中，旋转角的大小也是确定的，其值为：

$$a = \text{Azi}_{S_H}, \quad b = 0, \quad c = 0$$

可以得到地理坐标系下的应力张量：

$$S_g = R_1^T S R_1 \tag{3-16}$$

二、天然裂缝面坐标系下的应力张量

地质上，天然裂缝面走向范围为 0°＜str＜180°，倾角范围为 0°＜dip＜90°，即朝裂缝面走向看时，右侧裂缝面为正值，即裂缝面倾向总是相对走向方位线顺时针旋转得到[41]。走向与倾向之间存在如下关系：

$$str = Azi \cdot dip - \pi/2 \qquad (3-17)$$

建立天然裂缝面坐标系为 str—dip—z，分别对应于走向、倾角以及天然裂缝面的法线方向（垂直于天然裂缝面向内）。地理坐标系与天然裂缝面坐标系之间旋转对应规则是 X–str，Y–dip，Z–z，如图 3–44 所示。

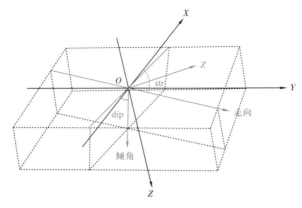

图 3–44　地理坐标系和天然裂缝面坐标系的旋转关系图

绕 Z 轴旋转得到的变换矩阵为：

$$\boldsymbol{R}_z(\mathrm{str}) = \begin{pmatrix} \cos(\mathrm{str}) & \sin(\mathrm{str}) & 0 \\ -\sin(\mathrm{str}) & \cos(\mathrm{str}) & 0 \\ 0 & 0 & 1 \end{pmatrix} \qquad (3-18)$$

绕 X' 轴旋转得到的变换矩阵为：

$$\boldsymbol{R}_x(\mathrm{dip}) = \begin{pmatrix} 1 & 0 & 0 \\ 0 & \cos(\mathrm{dip}) & \sin(\mathrm{dip}) \\ 0 & -\sin(\mathrm{dip}) & \cos(\mathrm{dip}) \end{pmatrix} \qquad (3-19)$$

得出地理坐标系和天然裂缝面坐标系旋转的变换矩阵 $\boldsymbol{R}_2$：

$$\boldsymbol{R}_2(\mathrm{str}, 0, \mathrm{dip}) = \boldsymbol{R}_x(\mathrm{dip})\boldsymbol{R}_z(\mathrm{str}) \qquad (3-20)$$

$$\boldsymbol{R}_2 = \begin{pmatrix} \cos(\mathrm{str}) & \sin(\mathrm{str}) & 0 \\ -\sin(\mathrm{str}) \cdot \cos(\mathrm{dip}) & \cos(\mathrm{str}) \cdot \cos(\mathrm{dip}) & \sin(\mathrm{dip}) \\ \sin(\mathrm{str}) \cdot \sin(\mathrm{dip}) & -\cos(\mathrm{str}) \cdot \sin(\mathrm{dip}) & \cos(\mathrm{dip}) \end{pmatrix}$$

可以得到在天然裂缝面坐标系下的应力张量：

$$S_f = R_2 S_g R_2'$$ （3-21）

三、裂缝面正应力和剪应力

由于天然裂缝面在应力的作用下存在垂直于结构面上的正应力和相切于结构面的剪应力[42]。根据库伦破坏函数来判断天然裂缝能否发生滑动，需要求取裂缝面上的正应力和剪应力。

天然裂缝面上的正应力 S_n 为：

$$S_n = S_f(3,3)$$ （3-22）

基于天然裂缝面坐标系，通过坐标系旋转可以求出天然裂缝面剪应力，如图 3-45 所示。

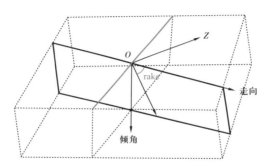

图 3-45 天然裂缝面坐标系沿 Z 轴旋转的关系图

绕 z 轴旋转得到的变换矩阵为：

$$R_3 = \begin{bmatrix} \cos(\text{rake}) & \sin(\text{rake}) & 0 \\ -\sin(\text{rake}) & \cos(\text{rake}) & 0 \\ 0 & 0 & 1 \end{bmatrix}$$ （3-23）

式中 rake——滑动向量前角，rad。

可以得到在天然裂缝面坐标系下的应力张量：

$$S_r = R_3 S_f R_3'$$ （3-24）

天然裂缝面上的剪应力为：

$$\tau = |S_r(3,1)|$$ （3-25）

在裂缝面的应力张量 S_f 中，如果 $S_f(3,1)>0$，$S_f(3,2)>0$ 或者 $S_f(3,1)>0$，$S_f(3,2)<0$，则滑动向量的前角为：

$$\text{rake} = \tan^{-1}\left(\frac{\boldsymbol{S}_{\mathrm{f}}(3,2)}{\boldsymbol{S}_{\mathrm{f}}(3,1)}\right) \tag{3-26}$$

如果 $\boldsymbol{S}_{\mathrm{f}}$（3，1），$\boldsymbol{S}_{\mathrm{f}}$（3，2）>0，则滑动向量的前角为：

$$\text{rake} = \tan^{-1}\left(\frac{\boldsymbol{S}_{\mathrm{f}}(3,2)}{\boldsymbol{S}_{\mathrm{f}}(3,1)}\right) + \pi \tag{3-27}$$

如果 $\boldsymbol{S}_{\mathrm{f}}$（3，1）<0，$\boldsymbol{S}_{\mathrm{f}}$（3，2）<0，则滑动向量的前角为：

$$\text{rake} = \tan^{-1}\left(\frac{\boldsymbol{S}_{\mathrm{f}}(3,2)}{\boldsymbol{S}_{\mathrm{f}}(3,1)}\right) - \pi \tag{3-28}$$

四、断层激活条件

以上得出了天然裂缝面上的正应力和剪应力，则天然裂缝面上的有效正应力 σ 为：

$$\sigma = S_{\mathrm{n}} - \alpha p_{\mathrm{p}} \tag{3-29}$$

式中　α——Biot 系数；

　　　p_{p}——孔隙压力，MPa。

三个主应力 σ_1、σ_2 和 σ_3 定义了三个莫尔圆，β_1 和 β_3 表示裂缝面法线和主应力坐标系中 S_1 轴和 S_3 轴的夹角。用 $2\beta_1$ 和 $2\beta_3$ 确定与两个内圆的交点，再从这两个内圆圆心绘制弧线，这两条弧线的交点 P 即为天然裂缝在三维莫尔圆上的位置，点 P 定义了天然裂缝面上的剪应力和正应力[43]，如图 3-46 所示。当天然裂缝处于摩擦线以上时，称为临界应力裂缝，即在周围环境应力场作用下可滑动的裂缝，临界应力裂缝处于水力活动状态，而非力学活动裂缝处于水力封闭状态。

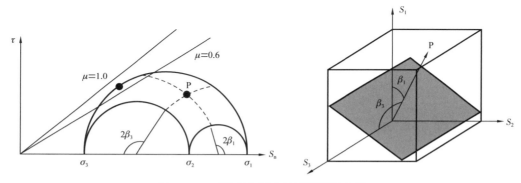

图 3-46　三维莫尔圆上的天然裂缝点图

σ_1，σ_2，σ_3—岩石正应力的法相分量；μ—摩擦系数，常数；S_1，S_2，S_3—方向；β—岩石的内摩擦角

根据库伦破坏函数来判断天然裂缝能否发生滑动，即：

$$\text{CFF} = \tau - \mu S_{\mathrm{n}} \tag{3-30}$$

当剪切应力与裂缝滑动摩擦力之间的差值 CFF 为负值时，天然裂缝面保持稳定，裂缝面上的剪应力不足以克服滑动阻力。但是一旦 CFF 达到零时，天然裂缝面就开始发生了滑动现象。

第六节　断层尺度、滑动量和套管变形量定量分析方法

一、微地震震源参数的基本关系

地震矩是度量地震强度的最基本参数之一，它适用于所有尺寸的断层，且不受记录仪器和位置的影响。因此微地震的强度可以通过计算地震矩来确定[44-45]。

地震矩是关于剪切破坏面积、滑移距离和岩石剪切模量有关的函数，并可以通过微地震信号计算得出[94]：

$$M_0 = GAD \tag{3-31}$$

式中　M_0——地震矩，N·m；

G——剪切模量，Pa；

A——滑移面积，m^2；

D——滑移距离，m。

且可以解释为震源强度或发生的变形。该力矩的现场测量计算方法如下：

$$M_0 = \frac{4\pi\rho_0 c_0^3 R\Omega_0}{F_c} \tag{3-32}$$

式中　ρ_0——密度，g/cm^3；

c_0——波速，m/s；

R——震源到拾震器的距离，m；

Ω_0——位移最低频率水平；

F_c——辐射场型，一般为 0.52（P 波）或 0.63（S 波）[95]。

在大部分情况下，地震矩的大小由矩震级来表示。矩震级本质上是地震矩的对数，而且与用于报告地震强度的里氏震级相似。根据 Hanks 和 Kanamori 的正式定义[46]，矩震级 M_w 可以用 M_0 来计算，即：

$$M_w = \frac{2}{3}\left(\lg M_0 - 9.1\right) \tag{3-33}$$

由式（3-33）可以确定微震震级。

约束裂缝尺寸时通常使用应力降和剪切滑移这两个震源参数。假设有一个矩形的倾移断层滑块（此处是一个活跃的正断层，会在后面表示出），静应力降可以用以下方法表示（Kanamori，1975）：

$$\Delta\sigma = \frac{cM_0}{L^3} = \frac{cM_0}{S^{\frac{3}{2}}} \tag{3-34}$$

其中

$$c = L/W$$

式中　$\Delta\sigma$——地震应力降，Pa；

　　　c——断层形状参数；

　　　M_0——释放的地震矩，N·m；

　　　L——断层的长度，m；

　　　W——断层的宽度，m；

　　　S——断层面积，m^2。

式中的特定关系以及 c 值的大小都由断层形状决定。

要想描述某一次地震事件，首先要确定合适的模型。一般来说，地震事件的断层面分为圆形和矩形两种。

（1）圆形断层面。

地震矩可以写成如下形式：

$$M_0 = GD\pi r^2 \tag{3-35}$$

式中　r——断层/裂缝半径，m。

图 3-47 所示为地震矩示意图。

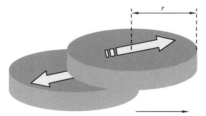

滑动距离D

图 3-47　地震矩的定义示意图

圆形断层面模型中应力降的表达式为：

$$\Delta\sigma = \frac{7}{16}\frac{M_0}{r^3} \tag{3-36}$$

式中　$\Delta\sigma$——应力降，Pa。

由此可得：

$$r = \sqrt[3]{\frac{7\times10^{\left(\frac{3}{2}M_w+9.1\right)}}{16\Delta\sigma}} \tag{3-37}$$

和

$$r = \frac{7}{16} \frac{GD\pi}{\Delta\sigma} \tag{3-38}$$

（2）矩形断层面。

这里首先要引进形状因子，设断层的长度为 L，宽度为 W，那么则有：

$$\frac{W}{L} = f = \frac{1}{\omega} \tag{3-39}$$

式中 f——形状因子；

$\quad\quad \omega$——形状常量。

地震矩的定义式可以写成如下形式：

$$M_0 = \frac{GDL^2}{\omega} = \omega GDW^2 \tag{3-40}$$

应力降的表示则要分为走滑断层和倾滑断层两种情况：

$$\begin{cases} \Delta\sigma = \frac{2}{\pi} \frac{M_0}{\omega W^3} & \text{（走滑断层）} \\ \Delta\sigma = \frac{4(\lambda+G)}{\pi(\lambda+2G)} \frac{M_0}{\omega W^3} = \frac{8}{3\pi} \frac{M_0}{\omega W^3} & \text{（倾滑断层）} \end{cases} \tag{3-41}$$

式中 λ——拉梅常数；

$\quad\quad G$——剪切模量。

为了简化模型，假定式中 $\lambda = G = 10\text{GPa}$，$W = L$，那么就有 $\omega = f = 1$。

可得：

$$W = \sqrt{\frac{10^{\left(\frac{3}{2}M_w + 9.1\right)}}{GD}} \tag{3-42}$$

以及

$$\begin{cases} W = \sqrt[3]{\frac{2 \times 10^{\left(\frac{3}{2}M_w + 9.1\right)}}{\pi\Delta\sigma}} & \text{（走滑断层）} \\ W = \sqrt[3]{\frac{8 \times 10^{\left(\frac{3}{2}M_w + 9.1\right)}}{3\pi\Delta\sigma}} & \text{（倾滑断层）} \end{cases} \tag{3-43}$$

此模型从较大的构造地震到小幅度微地震活动的各种尺度下都适用。根据前面的公式可制作震级、地震矩和断层尺度的关系图，如图 3-48 所示。

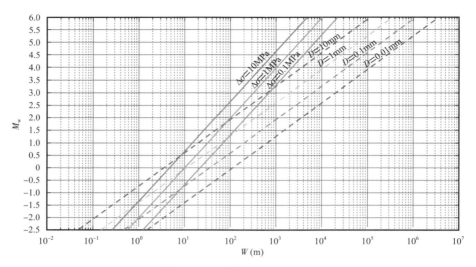

图 3-48　微地震震源参数与微地震形变量的关系

需要注意的是，此处将数据代入公式时，D 的单位是 nm，而 $\Delta\sigma$ 的单位是 Pa。作图依据如下：

通常情况下，水力压裂微地震获得的应力降一般为 0.1MPa，构造地震的应力降一般为 1～10MPa[47]，具体数据如图 3-49 所示，图中直线表示应力降等值线，黑点表示统计数据，其中黑色方块表示较大的微地震事件。因此分别指定 $\Delta\sigma$=0.01MPa，0.1MPa，1MPa，则式（3-43）仅剩宽度 W 和矩震级 M_w 两个变量，因此可建立断层宽度和震级的关系（图 3-49）。

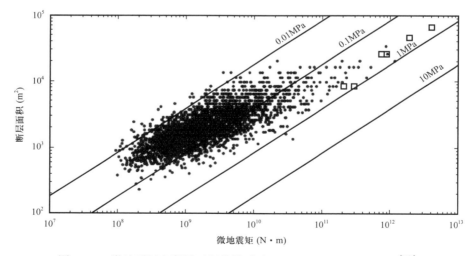

图 3-49　微地震矩和断层面积的关系（Yusuke Mukuhira，2013）[48]

一般来说，矩形断层模型更加适用于大型地震，由于需要考虑到微小型地震，因此圆形断层模型更加适合。因此下面通过圆形断层模型进行计算分析。

由于大部分微地震事件分布在 0.01～1MPa 之间，0.1MPa 分布最为密集，而大事件几乎在 1MPa 附近，大地震的应力降在 1～10MPa 范围[49]。所研究的微地震事件能够使地层产生明显错动，故假定研究范围内应力降为 0.01～1MPa。可得出表 3-5。

表 3-5　不同震级值下的等效炸药能力释放、断层 / 裂缝尺寸和滑距

震级	断层半径 r（m）			滑距 D（mm）		
	$\Delta\sigma$=0.01MPa	$\Delta\sigma$=0.1MPa	$\Delta\sigma$=1MPa	$\Delta\sigma$=0.01MPa	$\Delta\sigma$=0.1MPa	$\Delta\sigma$=1MPa
6	38047.49	17660.08	8197.08	27.68	128.49	596.39
5	12031.67	5584.61	2592.15	8.75	40.63	188.60
4	3804.75	1766.01	819.71	2.77	12.85	59.64
3	1203.17	558.46	259.21	0.88	4.06	18.86
2	380.47	176.60	81.97	0.28	1.28	5.96
1	120.32	55.85	25.92	0.088	0.41	1.89
0	38.05	17.66	8.20	0.028	0.13	0.60
−1	12.03	5.58	2.59	0.0088	0.041	0.19
−2	3.80	1.77	0.82	0.0028	0.013	0.060
−3	1.20	0.56	0.26	0.00088	0.0041	0.019
−4	0.38	0.18	0.082	0.00028	0.0013	0.0060

二、由套管错动量分析震源参数

由于套管不能抵抗地层错动，套管的变形量可以反映地层的变形量。有两种方法计算套管的错动量：一种是通过多臂井径资料的测井分析，获得错动量的统计；另一种是将所有的套管变形点的变形数据统计一下。按最小通过的钻头尺寸来计算。把这个数据都放在三点图上，了解整体的错动量的数据。

对套管变形点实施了 MIT24 多臂井径测井，MIT 测得 24 条沿套管内壁均匀分布的半径曲线 FING01～FING24，可直接反映套管内壁变化情况。某井多臂井径测井结果如图 3-50 所示，在 2751～2759m 处，套管出现明显的错动。在 2753m 处，最小内径错动量在 10～30mm。

在威远—长宁区块压裂工艺采用电缆带分簇射孔工具 + 桥塞工艺进行多段改造，按照从脚趾到脚跟的顺序压裂。完成所有井段压裂施工之后，再用连续管带磨鞋钻头按顺序钻磨桥塞。磨鞋在套管变形点通不过去时，需要更换较小的磨鞋，直至选定合适的。比如，某井磨鞋钻磨：先后使用 96mm、94mm、92mm 和 86mm 尺寸都不能通过，最后选择 73mm 磨鞋[50]。

0 GR (GAPI) 150	45 FING01 (mm) 120	90 MAXDIA (mm) 140
7000 CCL 10000	42.5 FING02 (mm) 117.5	90 MINDIA (mm) 140
	-12.5 FING24 (mm) 62.5	90 AVEDIA (mm) 140

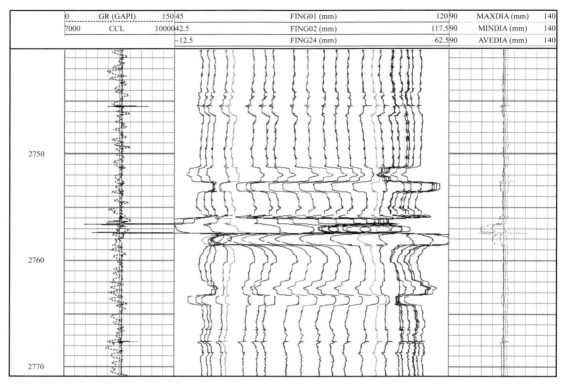

图 3-50　某井多臂井径测井结果

因此，建立简单的几何模型，如图 3-51 所示，可得套管的变形量[51]：

$$D=D_1-D_2 \tag{3-44}$$

式中　D_1——套管内径，mm；

D_2——磨鞋内径，mm。

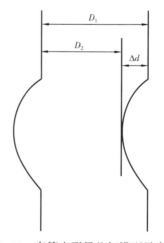

图 3-51　套管变形量几何模型示意图

根据式（3-44），统计得出套管变形数据见表3-6，套管变形的范围在7.06～29.72mm。

在套管变形机理的基础上，定量分析了断层滑移距离与断层尺度和微震震级的关系，利用套管变形量替代断层滑移距离，数据分析表明，引起套管变形的断层半径在100～400m范围内，微震震级在2.0～3.5范围内[52]。通过所推导出的计算方法得出的结果与现场实测的数据一致，进一步验证了套管变形机理的正确性。

引起套管变形的断层尺度在100～400m之间，加强地震解释，识别断层，在钻前设计井眼轨道时，避开这样的断层。

分析表明，断层错动造成的微地震事件的震级为2.0～3.5，因此，在压裂施工期间，实时监测微地震信号，当出现2.0～3.5级的微地震信号时，暂停作业，处理异常[53]。

表 3-6　套管变形量统计数据

井号	套管内径（mm）	最小磨鞋直径（mm）	错动量（mm）
NH3-1	102.72	89	13.72
NH3-2	102.72	73	29.72
NH2-4	102.72	89	13.72
LQ3	97.18	73	24.18
W201-H1	121.36	105	16.36
W201-H3	121.36	108.7	12.66
N201-H1	121.36	114.3	7.06
CNH2-1	102.72	92	10.72
CNH2-3	102.72	92	10.72
G115H	97.18	76	21.18

第七节　典型案例分析

一、井区三维应力场建立

（一）N201井单井地应力建模

利用N201井密度测井数据计算上覆岩层压力，在50～1600m TVD的深度范围，没有测井数据，利用指数曲线近似拟合密度[54]，如图3-52所示。

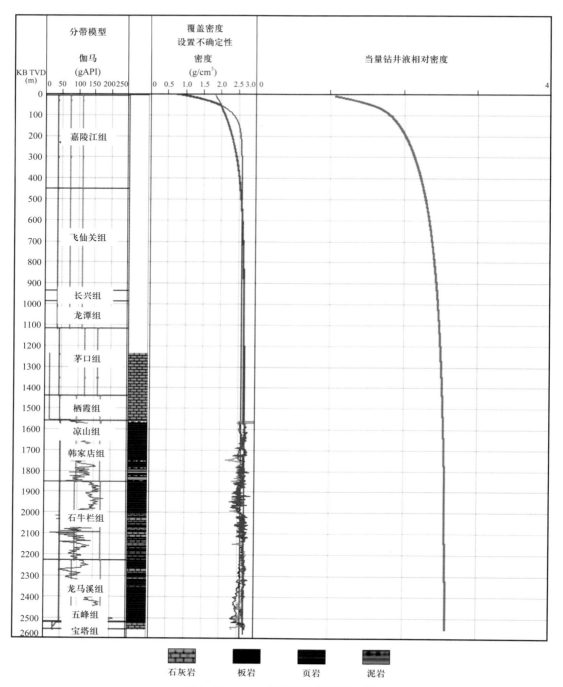

图 3-52　N201 井地质力学建模流程

N201 井孔隙压力剖面解释如图 3-53 所示。

由成像资料或四六臂井径资料可识别井壁破坏信息。N201 井最大水平地应力的方位为 109°N（图 3-54 和图 3-55）。

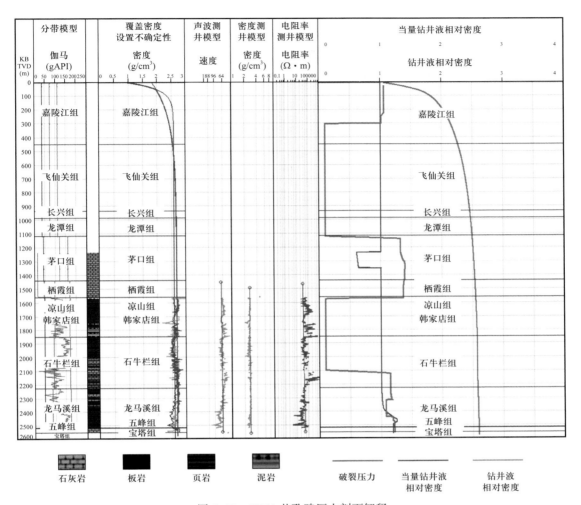

图 3-53 N201 井孔隙压力剖面解释

对 N201 的小型压裂试验进行解释，在 2479～2525m，裂缝闭合压力为 6560.8～6615 psi，测试井段中间深度 2502m 处的最小水平地应力 $S_{h\,min}$ 当量钻井液密度约为 1.85。在 2400～2479m 处，裂缝闭合压力为 6541～6596psi。压裂测试层段中间深度 2439.5m 处的最小水平地应力 $S_{h\,min}$ 当量钻井液密度约为 1.9。有效应力比接近 0.5[55]。从而建立长宁区块最小水平地应力 $S_{h\,min}$ 剖面，如图 3-56 所示。

观察 N201 井成像数据，在 2445m 垂深处，观察到井壁崩落，崩落宽度为 60°，计算得到 N201 井最大水平地应力 $S_{H\,max}$ 当量钻井液密度为 3.46±0.14。

（二）N201 井区三维应力场建模

利用 Petrel 软件平台进行区块三维地质力学属性建模。单井地质力学模型能够直接用于建立井筒周围单元属性，也用于三维地质力学模型的质量控制[56]。

N201 井区的三维地质建模主要包括构造断层模型等，如图 3-57 所示。

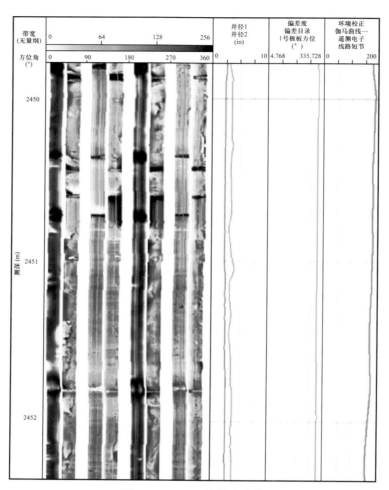

图 3-54 N201 井井壁崩落

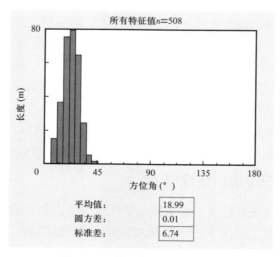

图 3-55 井壁崩落方位和偏差

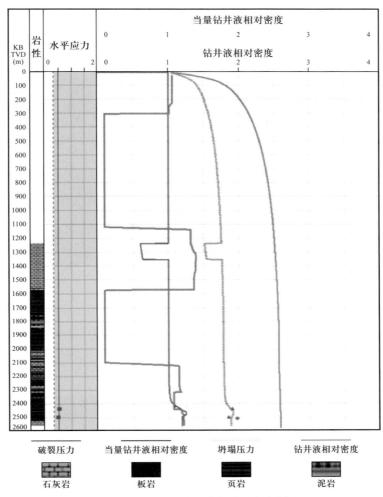

图 3-56　长宁区块最小水平地应力剖面

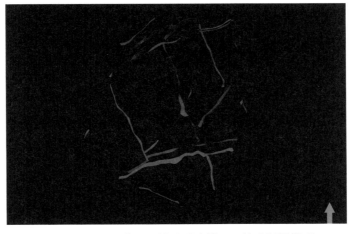

图 3-57　N201 井区三维地质建模——构造断层模型

分析的 N201 井区包含多个平台，比如 N201 井附近的 H3、H4、H5、H10 和 H11 等 5 个平台区域，以及 N203 井附近的 H13 平台区域，如图 3-58 所示。

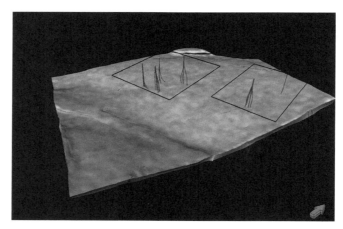

图 3-58　三维地应力计算区域

用地质层面建立网格，输入小层层面数据，平面网格取为 50m×50m，纵向网格划分为 L2 层 10 个网格、L12 层 10 个网格、L114 层 3 个网格、L113 层 3 个网格、L112 层 3 个网格、L111 层 2 个网格，WF 层 3 个网格，生成地质力学小网格，储层段网格划分如图 3-59 和图 3-60 所示。

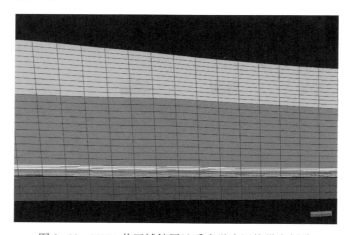

图 3-59　N201 井区域储层地质力学小网格纵向划分

从地质模型中的属性体可以重新采集网格属性，采集数据包括密度、孔隙压力、弹性模量和泊松比，如图 3-61 至图 3-64 所示。

为了消除边界影响，确保储层区域计算结果的精度，还需要建立地质力学大网格。侧面的几何模型增加 3 倍距离，划分 10 个单元，比例为 1.5，钢板厚度为 50m；储层上方延伸至地面高程面，划分 10 个单元，比例为 1.5；储层下方延伸至 2200m，划分 20 个单元，比例为 1.5，宽深比小于 3，如图 3-65 所示。

图 3-60　N201 井区域地质力学小网格横向划分

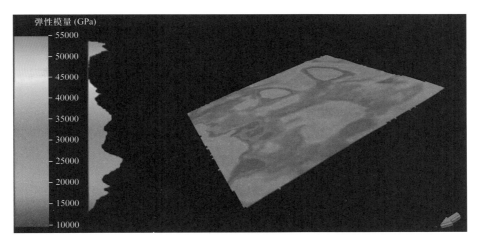

图 3-61　N201 井区域地质力学小网格弹性模量

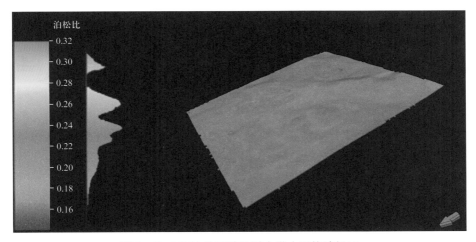

图 3-62　N201 井区域地质力学小网格泊松比

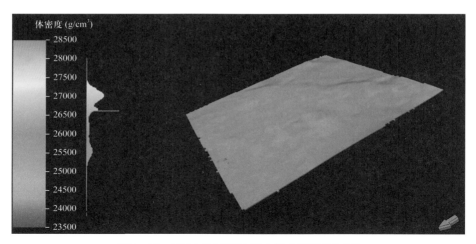

图 3-63 N201 井区域地质力学小网格体密度

图 3-64 N201 井区域地质力学小网格孔隙压力

图 3-65 N201 井区域地质力学大网格

接下来创建材料属性，分别创建储层，上、下、侧边材料，刚性板材料的模型，储层材料采用地质力学小网格上的数据，上、下、侧边材料采用向外差值的方法。对于断层裂缝参数用刚度来表示，影响断层／裂缝作用效果的是 K_nS，K_n 是法向刚度，S 是断层穿过单元时被穿过的两个面的距离，在估算参数的时候可以取单元平均尺寸，K_nS=Eintact，Eintact 是目的层完整岩块的平均杨氏模量，这种做法的效果大致会使断层穿过的单元刚度降低一半，K_s 取 $0.5K_n$。

强度参数一般用默认值。黏着力为 1kPa，表示裂缝面胶结很弱，几乎没有胶结强度；摩擦角为 20° 也是比较不利的工况，摩擦系数比较低[57]。

地质力学大网格赋材料参数，对于储层区域，材料参数选对应的材料模型，选择要用网格属性值覆盖的参数，并输入网格赋属性参数值，对于两个上边部，一个上覆岩层，材料参数选对应的材料模型；对于两个边部岩层，材料参数选对应的材料模型；对于两个边底部，一个底部岩层，材料参数选对应的材料模型。

加载所有断层面，裂缝面，材料参数选对应的断层和裂缝的材料模型。

设置压力条件，输入孔隙压力属性，设置边界条件。运算设置，已显示前面建立的模型，勾选断层、裂缝，根据计算机的内核设置并行运算条件[58]。加载计算结果，将计算结果转化为 3D 网格属性，将矢量结果转化为标量。得到 N201 井区三维地应力场计算结果，如图 3-66 至图 3-68 所示。

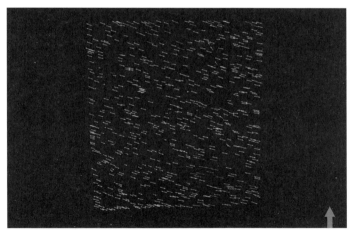

图 3-66　N201 井区域最大主应力场计算结果

从主应力结果图可以看出，上覆岩层压力为中间主应力，说明该区域地应力模式主要为走滑断层。

从水平最小地应力方向结果图 3-69 可以看出，该区域水平最小地应力方向为 N5°E～N25°E，在断层处有明显的应力方向变化。

将地应力矢量转化为应力标量，如图 3-70 至图 3-72 所示。

图 3-67　N201 井区域中间主应力场计算结果

图 3-68　N201 井区域最小主应力场计算结果

图 3-69　N201 井区域最小主应力方向

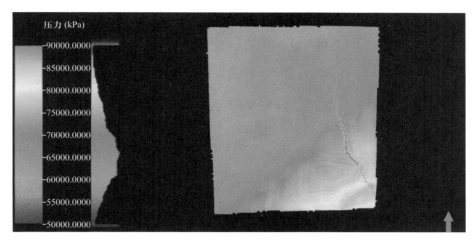

图 3-70　N201 井区域上覆岩层压力分布图

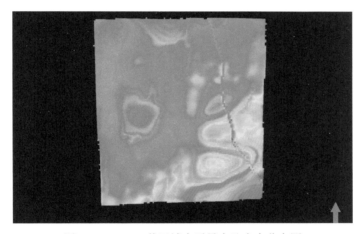

图 3-71　N201 井区域水平最大地应力分布图

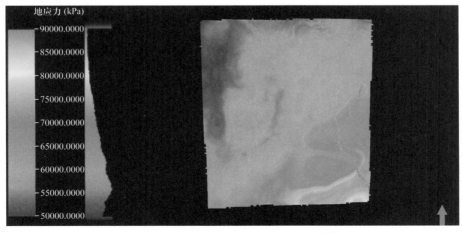

图 3-72　N201 井区域水平最小地应力分布图

该区域地应力结果统计见表 3-7。

表 3-7　N201 井区域地应力结果

层位	上覆岩层压力当量钻井液密度（g/cm³）	最大水平地应力当量钻井液密度（g/cm³）	最小水平地应力当量钻井液密度（g/cm³）
L114	2.576	2.653	2.273
L113	2.612	2.584	2.238
L112	2.588	2.989	2.482
L111	2.587	3.029	2.506
WF	2.579	2.883	2.466

二、套管变形区域断层活动

（一）H19 平台的数据分析

N201 井区内，H19 平台 CNH19-4 井、CNH19-5 井和 CNH19-6 井在压裂施工期间发生了严重的套管变形。套管变形统计情况见表 3-8。

表 3-8　H19 平台套管变形统计表

序号	井号	遇阻深度（m）	泵送目的段	套变发生时间段	遇阻深度段	施工日期
1	CNH19-4	4331	第 5 段	第 4 段	第 5 段	4 月 17 日
2	CNH19-4	3839.7	第 7 段	第 6 段	第 12 段	4 月 20 日
3	CNH19-4	3838.8	第 9 段	第 8 段	第 12 段	5 月 4 日
4	CNH19-5	3667	第 11 段	第 10 段	第 14 段	4 月 21 日
5	CNH19-5	3471.1	第 18 段	第 17 段	第 18 段	5 月 20 日
6	CNH19-5	2925	第 26 段	第 25 段	第 30 段	5 月 25 日
7	CNH19-5	2925	第 28 段	第 27 段	第 30 段	5 月 28 日
8	CNH19-6	3352	第 17 段	第 16 段	第 18 段	4 月 25 日
9	CNH19-6	3195.11	第 20 段	第 19 段	第 22 段	5 月 1 日
10	CNH19-6	3094	第 23 段	第 22 段	第 23 段	5 月 3 日
11	CNH19-6	2615	第 27 段	第 26 段	第 30 段	5 月 17 日

蚂蚁体得到的断层如图 3-73 所示，将套管变形点和蚂蚁体断层做对比，可以看出，套管变形点落在蚂蚁体裂缝带的数量占所有变形点的 72%。

观察遇阻前一段压裂施工的施工压力曲线，分析套管变形和施工压力的统计特征，如图 3-74 至图 3-80 所示。压裂发生时间段和套管变形井段距离近时，施工压力一般为 60MPa，低于正常施工压力值的 70MPa。邻近几段微地震信号重合的压裂段，施工压力普遍偏低。因此，低压力可以作为压开天然裂缝带的现场诊断标志[59]。

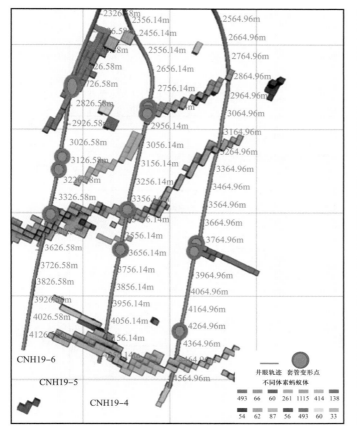

ID	颜色	岩性	体素
1		页岩 ▼	1115
2		页岩 ▼	493
3		页岩 ▼	414
4		页岩 ▼	380
5		页岩 ▼	261
6		页岩 ▼	138
7		页岩 ▼	107
8		页岩 ▼	91
9		页岩 ▼	87
10		页岩 ▼	82
11		页岩 ▼	66
12		页岩 ▼	64
13		页岩 ▼	62
14		页岩 ▼	60
15		页岩 ▼	60
16		页岩 ▼	57
17		页岩 ▼	56
18		页岩 ▼	54
19		页岩 ▼	34
20		页岩 ▼	33
21		页岩 ▼	32
22		页岩 ▼	32
23		页岩 ▼	31
24		页岩 ▼	29

图 3-73　蚂蚁体断层和套管变形点的对比

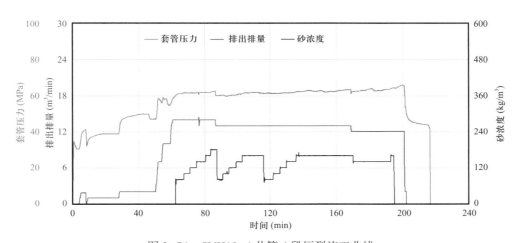

图 3-74　CNH19-4 井第 4 段压裂施工曲线

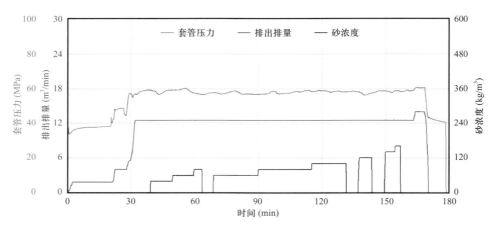

图 3-75　CNH19-4 井第 18 段压裂施工曲线

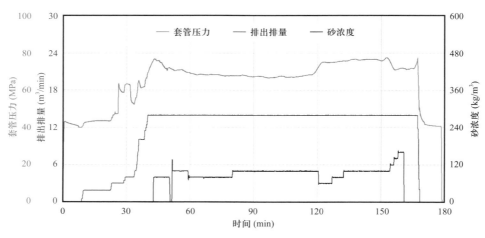

图 3-76　CNH19-6 井第 16 段压裂施工曲线

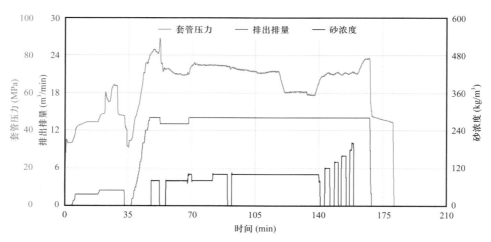

图 3-77　CNH19-6 井第 18 段压裂施工曲线

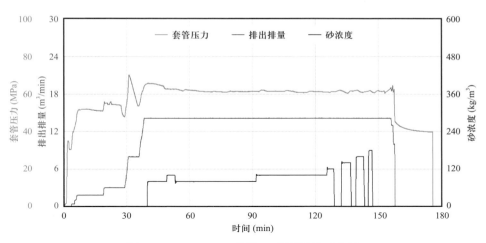

图 3-78　CNH19-6 井第 22 段压裂施工曲线

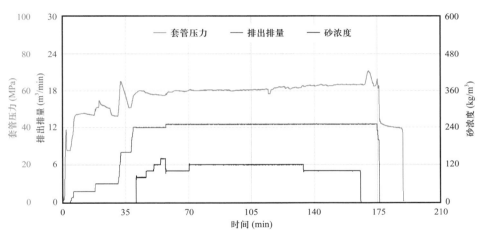

图 3-79　CNH19-6 井第 23 段压裂施工曲线

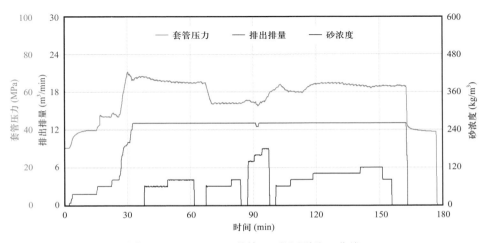

图 3-80　CNH19-6 井第 26 段压裂施工曲线

（二）H19 平台的数值模拟

利用井周应力场分析断层滑动，用实际套管变形点验证。再做敏感性分析，分析排量和液体总量对断层滑动的影响[60]。

图 3-81 为 H19 平台 3 口井的裂缝带蚂蚁体数据，利用 matlab 对其进行数字化处理，如图 3-82 所示。

图 3-81　H19 平台 3 口井的裂缝带蚂蚁体数据

以斜率相同解释为同一条断层，选取 matlab 坐标系下的一个参考点，获取参考点与断层起始点之间的距离按照等比例转换，将 matlab 坐标系下的断层坐标数据转换到井口坐标系下。

通过数字化处理获取的断层数据见表 3-9。

利用获得的断层数据建立断层面模型如图 3-83 所示。

基于 DFN 裂缝建模，采用 Nearest Neighbor 模型通过随机几何方法在断层面上生成断层模型，通过地质网格法生成天然裂缝与断层模型，如图 3-84 和图 3-85 所示。

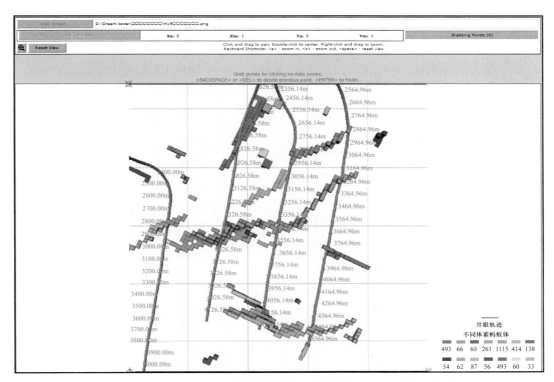

图 3-82　H19 平台 3 口井的裂缝带蚂蚁体数据的 matlab 数字化分析

表 3-9　数字化处理获取的断层数据

断层号	X 起点	Y 起点	Z 起点	走向（°）	倾角（°）	面积（m²）
2	18486320	3121950	−1500	24.8042	22.0154	59998.9
31	18485674	3121499	−1500	71.1665	19.4912	30000.3
30	18486128	3120347	−1660	62.8415	18.9477	10599.8
28	18487283	3120550	−1660	31.3057	18.6084	11000.2
1	18486563	3122436	−1500	66.9989	19.2421	14999.7
5	18487053	3122116	−1541	60.9587	19.1742	31000.2
6	18486774	3122050	−1541	70.3418	19.6908	28999.2
17	18486400	3121410	−1570	34.4828	20.4355	10999.7
16	18486461	3121500	−1570	88.428	19.9963	38000
15	18486851	3121515	−1570	50.259	20.5641	51499.2
14	18487246	3121843	−1570	66.9986	19.2426	15999.6
12	18486655	3121754	−1541	27.4362	18.2338	22500.9
13	18486430	3121620	−1541	58.6965	18.6098	25999.9

断层号	X 起点	Y 起点	Z 起点	走向（°）	倾角（°）	面积（m²）
21	18487141	3121325	−1610	109.876	19.4327	38000.2
23	18486300	3120974	−1635	125.436	18.2268	26999.9
24	18486280	3120830	−1650	115.081	19.1004	54999.9
25	18486790	3120606	−1650	81.114	20.1892	25000.4
26	18487037	3120644	−1650	63.7764	20.739	25499.4
20	18486544	3121399	−1580	92.0963	19.9933	14999.6
7	18486553	3122110	−1541	158.04	19.3108	14000.2
29	18486968	3120400	−1660	25.0818	19.1018	13000.1
22	18486849	3120880	−1660	121.304	18.6079	4999.85
27	18487180	3120600	−1660	121.304	18.6079	9999.72
4	18487554	3122120	−1540	27.1433	20.1228	13600.1
3	18487054	3122426	−1540	23.9971	19.9395	6499.6
11	18485990	3121744	−1500	119.676	20.9606	7400.13
9	18485912	3121932	−1500	119.675	20.9608	6000.23
8	18485843	3122150	−1500	121.771	20.7406	12500.2
10	18485955	3121860	−1500	29.2394	20.2274	6000.14
19	18486295	3121513	−1550	113.001	19.243	23000.3
18	18485911	3121310	−1570	78.4789	19.8088	48999.8

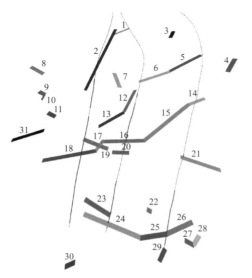

图 3-83 断层面模型

图 3-84 断层模型

图 3-85 天然裂缝与断层模型

H19 平台的三维地应力场从 N201 井区的三维应力场截取。

压裂泵注程序从现场获取，将泵注时间、排量与支撑剂种类等数据进行统计，见表 3-10，并将其导入模型。

表 3-10 模拟使用的泵注数据

泵注顺序	持续时间（min）	排量（m³/s）	支撑剂
1	10	0.22	Slickwater
2	30	0.22	sys70-140
3	40	0.22	sys40-70
4	50	0.22	tls40-70
5	10	0.22	Slickwater

根据射孔数据编写的射孔段如图 3-86 所示。

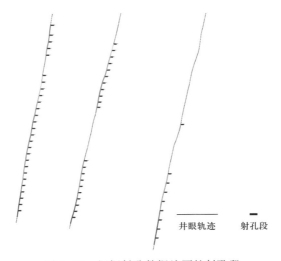

井眼轨迹　　射孔段

图 3-86 根据射孔数据编写的射孔段

当上述的裂缝数据、应力数据和压裂数据都导入模型中之后，水力压裂模拟便开始运行，基于摩尔—库伦准则划分有限元网格进行计算（图 3-87）。

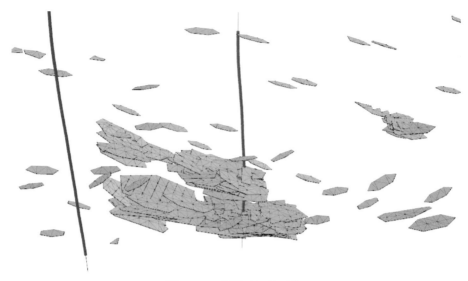

图 3-87　有限元网格计算

压裂模拟后井周应力云图如图 3-88 至图 3-90 所示。

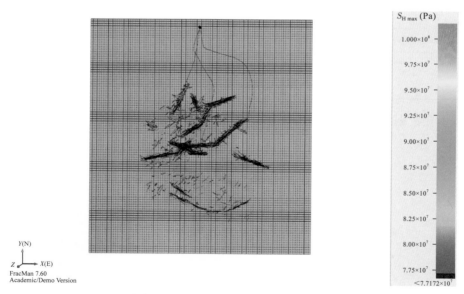

图 3-88　最大水平主应力 $S_{H\,max}$ 云图

在井周四维应力场的基础上，根据断层滑动条件，可以分析断层滑动情况[61]。图 3-91 显示的是水力压裂后激活的断层，可见，与井筒相交的断层都被激活了。与井筒相交的断层点一共有 8 个，这 8 个点都是实际上发生套管变形的点，如图 3-92 所示。

保持排量等其他参数都不变，仅仅改变液体总量，分别为 1122m³、1848m³ 和 2574m³，可以看到在随着液体总量的增大，水力裂缝、膨胀缝和剪切缝面积均增大，激活的裂缝总面积增大，如图 3-93 至图 3-96 所示。

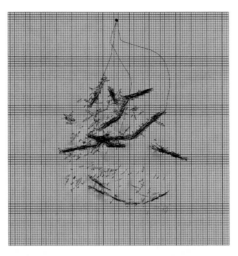

图 3-89　垂向应力 S_v 云图

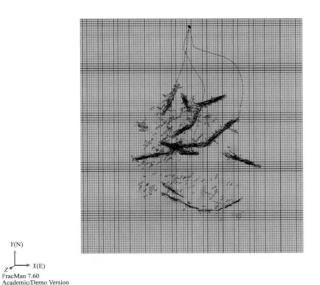

图 3-90　最小水平主应力 $S_{h\,min}$ 云图

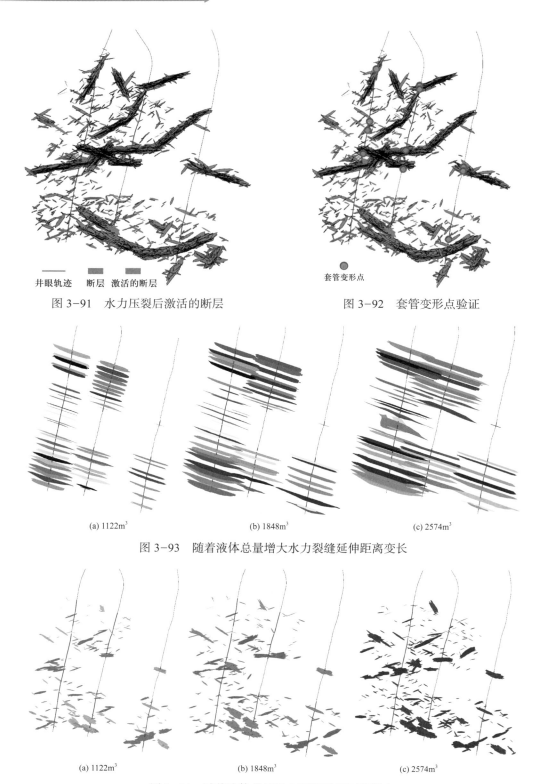

井眼轨迹　断层　激活的断层

图 3-91　水力压裂后激活的断层

套管变形点

图 3-92　套管变形点验证

(a) 1122m³　　　　(b) 1848m³　　　　(c) 2574m³

图 3-93　随着液体总量增大水力裂缝延伸距离变长

(a) 1122m³　　　　(b) 1848m³　　　　(c) 2574m³

图 3-94　随着液体总量增大膨胀裂缝面积增大

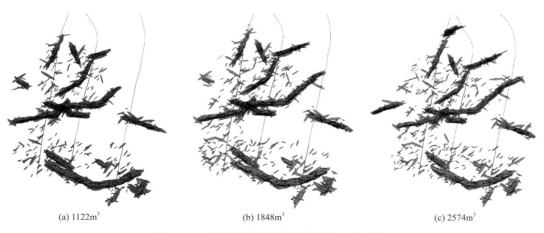

(a) 1122m³   (b) 1848m³   (c) 2574m³

图 3-95　随着液体总量增大剪切缝面积增大

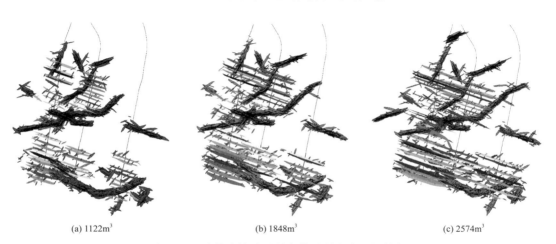

(a) 1122m³   (b) 1848m³   (c) 2574m³

图 3-96　随着液体总量增大激活裂缝总面积增大

第 四 章

复杂应力条件下套管柱力学特征

大规模体积压裂改变了井周的应力场，导致了地层薄弱区域的错动，由于这种应力场的复杂性，也导致了水平井井下套管受力方式极端的复杂多样[62]。本章通过套管挤压变形物理试验研究了套管变形的特征，然后建立有限元数值模型，对各种复杂工况下套管受力分析与变形开展理论计算分析，评估在体积压裂条件下套管力学失效的风险[63]。

第一节 套管变形物理试验

一、试验装置

套管变形物理试验装置包括: MTS-816 材料试验系统、MTS-286 伺服加载系统、YEG-60A 液压式压力试验机、LOC-AT 声发射仪、BZ2204 多通道动态电阻应变仪、应变测量系统。

（一）MTS 伺服加载系统

由于套管在深部岩层承受的地应力载荷是缓慢变化的、非均匀的，因此对加载系统有着严格的要求。选用了目前国际上非常先进的 MTS816 测试系统，将 MTS 伺服增压系统与 10tf 油压千斤顶相结合，以便对套管实现精确、缓慢地施加非均匀地应力载荷[64]。整套系统包括 MTS 液压源、MTS 控制器、MTS 伺服增压器、微机控制系统和油压千斤顶，如图 4-1 所示。

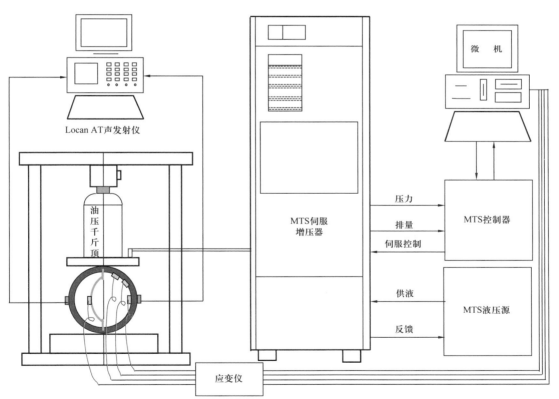

图 4-1 MTS 伺服加载试验装置示意图

（二）LEG-60A 压机加载系统

由于千斤顶的承载能力很有限，且工作台面很小，难以满足平面应变条件下的套管实际承载状况。因此，只能用于模拟套管的先导性试验，以便熟悉实验方法，发现和完善试验的不足之处。对于由高强度钢加工而成的厚壁套管，用千斤顶是无能为力的，必须借助60tf 以上的高压压机来完成实验。而老式压机的均匀加载功能较差，对于观察声发射信号的变化是不利的[65]。因此，为了使试验结果更加可靠，对 LEG-60A 液压式 60tf 压力试验机的加载控制系统进行了改进，改进后的压机加载可控制在 0.1kN/s，完全可以满足试验要求。利用压机加载的试验装置如图 4-2 所示。

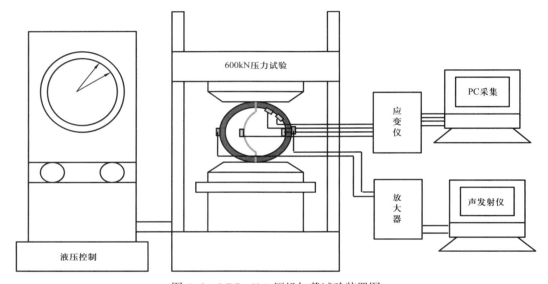

图 4-2　LEG-60A 压机加载试验装置图

（三）应变测量系统

1. 位移传感器

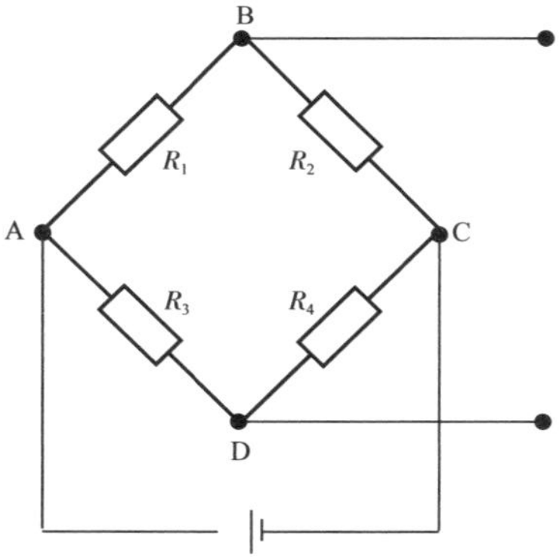

套管变形的范围只有几厘米，而且套管内径的大小也不宜安装常规的位移传感器。因此，为了准确、实时记录套管变形过程，自制了一套位移传感器，由弹簧钢片、应变片及 PC 机组成，其测量电桥原理如图 4-3 所示。

位移传感器的标定是非常重要的，对于测量结果有着重要的影响。研究中采用高精度的螺旋测微器对传感器进行标定[66]。标定后的传感器测量结果非常理想。例如，$9\frac{5}{8}$in 套管在试验结束后利用千分尺测量其变形距离为 59.3mm，而传感器自动测

图 4-3　位移传感器测量电桥原理示意图
R_1，R_2，R_3，R_4—电阻；A，B，C，D—节点

量值为 59.63mm，两者误差仅为 5‰，精度是相当不错的。

2. 动态电阻应变仪

实验中采用了两台高精度的多通道动态电阻应变仪，如图 4-4 所示。该仪器具有性能稳定、噪声低、频带宽、自动平衡的特点。在试验过程中，要首先对各通道进行调零并标定，以确定应变与电压信号之间的线性关系。需要注意的是，为了使测量结果尽可能精确，应设定合适的放大倍数，使电压测量值处于 $-5\sim+5V$ 范围内。通常，由于 $0°$ 位置的应变量最大，因此，其放大倍数最小，而其余三个位置基本相同。研究中，2 号位置应变测量的放大倍数为 1（$5\frac{1}{2}$in 套管）或 2（$9\frac{5}{8}$in 套管及模拟套管），而其余三处的放大倍数均为 5[67]。

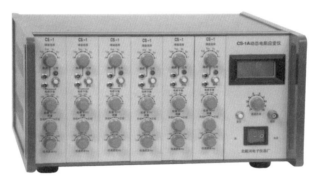

图 4-4 动态电阻应变仪

（四）数据采集系统

采用 AC1020 数据采集卡与 PC 机相结合以进行数据的采集与处理。AC1020 是一款多功能 A/D 板，10 位高速 A/D 转换器提供了较 8 位板卡更高的精度及更快的速度。10 位 A/D 转换器与通常应用的数字面板表具有同等精度。AC1020 具有 16 通道 10 位 A/D，16 入、16 出数字量 I/O，二路 8 位 D/A，可以方便地构成廉价模拟量信号采样或控制系统。AC1020 数据采集卡如图 4-5 所示。

图 4-5 AC1020 数据采集卡

二、试验试件规格

分别使用了模拟套管和实际套管，套管试件的相关数据参见表 4-1。

表 4-1　试验中采用的模拟套管与实际套管相关数据

类型	编号	尺寸（mm）			钢级	屈服强度（MPa）	应变测量位置（°）
		外径	内径	壁厚			
模拟套管	1	83.35	77.345	3.0025	25#	375	0，45，60
	2	82.9	77.08	2.91	25#	375	0，45，60
	3	125.835	118.905	3.465	25#	375	0，45，60
	4	125.625	118.915	3.355	25#	375	0，45，60
实际套管	5（$9^5/_8$in）	244.47	224.4	10.03	P-110	758	0，45，60
	6（$9^5/_8$in）	244.47	224.4	10.03	P-110	758	0，45，60
	7（$5^1/_2$in）	139.7	121.4	9.17	P-110	758	0，45，60
	8（$5^1/_2$in）	139.7	121.4	9.17	P-110	758	0，45，60

试验中使用的部分套管试件如图 4-6 所示。

图 4-6　试验中使用的部分套管试件

三、试验方法

套管损坏实时监测的声发射试验对于应力加载、声信号采集、应变测量、数据采集的同步性等要求较高，因此，必须按照一定的试验程序进行。

（一）试件准备

（1）清洁试件，去除锈蚀，以避免可能的信号干扰；

（2）测量套管试件内外径，取多次测量平均值；

（3）严格按设计位置粘贴应变片，注意珊格方向与套管端面平行，以确保测量其周向应变。

（二）试验准备

（1）将套管置于压机工作台并严格定位，确保测点位置；

（2）安装位移传感器，确保其位移垂直位置；

（3）将应变片引线与电桥相连，并用万用表测量其电阻值，确保线路连接完好；

（4）安装声发射探头，保证其稳定、耦合接触。

（三）试验开始

（1）启动液压试验机或 MTS，加载至初始载荷，保证套管压稳压实，同时基本无变形；

（2）启动动态应变仪和应变数据采集 PC 机，校正、调零，记录应变值与电压值之间的对应关系，使 PC 机处于待采集状态；

（3）启动声发射仪，设置采集项目，使之处于待采集状态；

（4）压机、声发射仪及数采 PC 三机同时开始工作，在应力加载的同时，采集变形与相应的声发射信号。

（四）试验结束

（1）套管变形增大后，电压值随之增大（-5V＜电压＜+5V），套管进入加速变形阶段后，三机同时停止工作；

（2）所有数据存盘，并拍摄变形后的照片；

（3）拆除线路，并关闭应变仪，避免长时间过载工作；

（4）关闭所有仪器，清理完毕。

四、套管变形试验结果及分析

图 4-7 至图 4-9 给出了模拟套管端面变形距离（椭圆短轴方向）以及水平方向 0° 和 45° 处的周向应变随时间的变化关系。

以端面 45° 处的变形为例，如果无焊缝存在，套管的变形过程为圆形→椭圆形→哑铃形→伯努利双纽线，端面 45° 处的周向应变为先降后升特点，即先受压，后受拉的承载特性[68]。

根据试验过程中的直观观察，套管变形是一个缓慢的连续变化的过程。因此，肉眼无法识别套管变形过程中的微小突变，需要采用自动连续测量系统才能达到目的。试验中得到的套管随时间的变形情况如图 4-10 至图 4-12 所示。可以看出，套管的变形确实也表现出来比较明显的阶段性。通过曲线斜率的变化，可以比较清晰地反映出套管变形的阶段

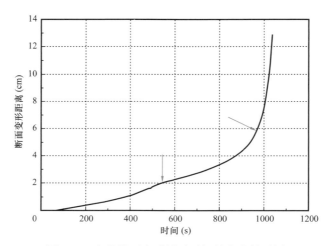

图 4-7　套管端面变形量随时间的变化关系图

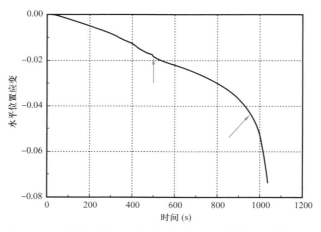

图 4-8　套管端面水平方向（0°）应变随时间的变化关系图
负值表示受压状态

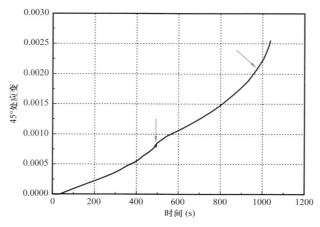

图 4-9　套管端面 45° 位置处周向应变随时间的变化关系图

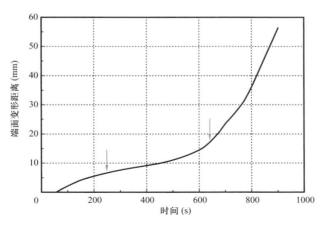

图 4-10　套管端面变形距离随时间的变化关系图

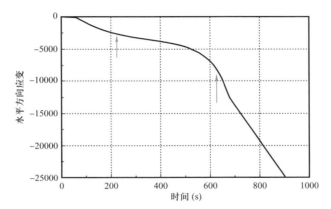

图 4-11　套管端面水平位置处应变随时间的变化关系图
负值表示受压状态

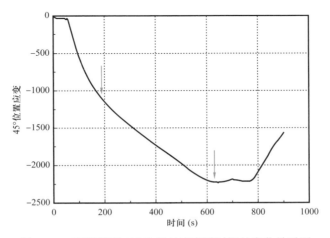

图 4-12　套管端面 45° 位置处应变随时间的变化关系图
负值表示受压状态

性[69]。套管断面水平位置处在变形过程中始终处于压缩状态，故其应变始终为负。在套管变形初期，为原生的微裂隙闭合阶段，变形速率相对较快。而在套管变形中期，原生裂纹已经闭合，新的裂纹产生较少，因此变形曲线比较平缓，变形速率相对较低。由于石油用生产套管的材料非常好，原生裂纹相对模拟套管要少得多，因此前两个阶段的突变点并不十分明显。在套管变形后期，由于大量裂纹的产生，套管已发生明显变形，曲线斜率较大，变形速率很快，套管进入加速变形阶段。

如图 4-12 所示，在套管变形初期，测点处受压。到了变形后期，套管已由圆形变成了椭圆形，此时测点处由受压变成了受拉，因此在变形曲线上出现了应变由增大变为减小的情况。后面利用有限元软件模拟套管变形过程也证明了这一点。这也从侧面反映了测量结果是真实可靠的。

五 、有限元数值试验验证

由于目前的试验测量技术尚无法直接测得套管应力，加上套管几何空间的限制，测点的设置十分有限。因此，需要借助有限元方法来模拟套管变形过程，这样就可以克服测点有限的缺陷，而且可以得到套管应力的变化情况。

套管挤压变形的受力情况相对比较简单，可以采取直接建模的方式，参见图 4-13。由于套管受挤压载荷而产生变形是一个高度非线性的接触问题，因此计算精度是非常重要的。考虑到载荷以及套管形状、变形的对称性，决定采用四分之一模型，以降低网格规模，提高计算精度[70]。由于压板的厚度和刚度远大于套管，因此，可假设其为刚性面。在套管的水平和垂直中心面分别施加垂直方向约束和水平方向约束。

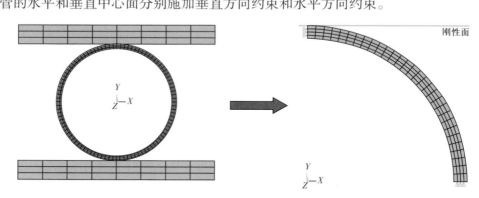

图 4-13　有限元模型简化示意图

计算时，对刚性面施加垂向位移，即可实现对套管的挤压。由于有限元计算只是通过数学的方法模拟套管变形的过程，因此，它只能近似反映套管变形过程，而计算结果与实际测量值之间的差异也就决定了后续分析的精度[71]。由此可见，有限元计算的精度是非常重要的。下面以 $9^5/_8$ in 套管为例说明有限元计算与实际测量值之间的差异及可靠程度。

图 4-14 和图 4-15 给出了 $9^5/_8$ in 套管挤压变形过程中 60° 测点和 45° 测点的应变测量值和有限元计算值的对比情况。由图 4-14 和图 4-15 可见，60° 测点处的应变测量值与

计算值吻合情况很好，应变值随套管断面的变形距离的变化趋势完全一致，数值误差在10％以内。45°测点处的应变测量值与计算值吻合情况也比较好，应变值随套管断面的变形距离的变化趋势基本一致。当变形距离在15～30mm之间时，测量值的误差较大。这是由于套管处于由承受压载荷变为承受拉载荷的不稳定期所致[72]。总体来看，计算值与测量值的吻合程度仍在80％以上。对于数值计算而言，是可以接受的。

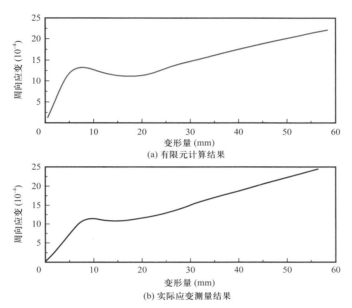

图 4-14　60°测点处应变测量值与计算值对比图

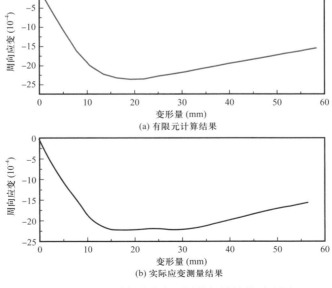

图 4-15　45°测点处应变测量值与计算值对比图

第二节　各向异性页岩储层井筒数值模型

本节考虑了页岩各向异性特征，分析页岩各向异性特征对井筒组合体的影响。

由于页岩储层中存在着层理与天然裂缝，使得页岩在垂直与平行层理面的两个方向

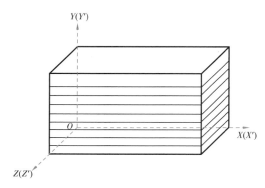

图4-16　层理性岩石横观各向同性单元

所具有的弹性力学参数存在着显著的不同。因此，在对页岩储层井筒组合体力学行为进行分析时，需要考虑页岩储层的各向异性特征。相较于理论模型，有限元模型可以模拟更为复杂的地层力学情况，且能耦合多个影响因素[73]。

在工程上，页岩被认为是一种典型的层理性地层，如图4-16所示，因此可以将页岩看作具有横观各向同性的材料。所以可以通过5个独立的弹性常数实现对其的概述。其应力—应变本构方程式如下：

$$\{\varepsilon'\} = D'^{-1}\{\sigma'\}$$

$$D'^{-1} = \begin{bmatrix} \dfrac{1}{E_x} & -\dfrac{v_{xy}}{E_y} & -\dfrac{v_{xz}}{E_z} & & & \\[2ex] -\dfrac{v_{xy}}{E_y} & \dfrac{1}{E_y} & -\dfrac{v_{yz}}{E_z} & & & \\[2ex] -\dfrac{v_{xz}}{E_z} & -\dfrac{v_{yz}}{E_z} & \dfrac{1}{E_z} & & & \\[2ex] & & & \dfrac{1}{G_{yz}} & & \\[2ex] & & & & \dfrac{1}{G_{xz}} & \\[2ex] & & & & & \dfrac{1}{G_{xy}} \end{bmatrix} \qquad (4-1)$$

式中　E_x，E_z——与各向同性面相平行的弹性模量 $E_x = E_y$；

E_y——与各向同性面相垂直的弹性模量；

v_{xz}——与各向同性面相平行的泊松比；

v_{yz}，v_{xy}——与各向同性面相垂直的泊松比，$v_{yz} = v_{xy}$。

各向同性面 XOZ 内的剪切模量：

$$G_{xz} = G_h = \frac{E_h}{2(1+\nu_h)} \tag{4-2}$$

式中 G_h——与各向同性面平行的剪切模量，GPa；

E_h——与各向同性面平行的弹性模量，GPa；

ν_h——与各向同性面平行的泊松比。

Batugin 等通过大量的实验研究，认为垂直于各向同性面的第 5 个弹性常数：

$$G_v = G_{yz} = G_{xy} \tag{4-3}$$

各向异性对井筒应力的影响巨大，考虑各向异性弹性力学参数（E_h，E_v，ν_h，ν_v，G_v，G_h），建立各向异性页岩储层井筒数值模型。

弹性模量各向异度（R_E）和泊松比各向异度（R_ν）：

$$R_E = \frac{E_h}{E_v} = \frac{E_{0°}}{E_{90°}}$$

$$R_\nu = \frac{\nu_h}{\nu_v} = \frac{\nu_{0°}}{\nu_{90°}}$$

式中 R_ν——泊松比各向异度；

R_E——弹性模量各向异度；

E_h——与各向同性面平行的弹性模量，GPa；

E_v——与各向同性面垂直的弹性模量，GPa；

ν_h——与各向同性面平行的泊松比；

ν_v——与各向同性面垂直的泊松比。

建模过程如图 4-17 所示。

页岩储层弹性模量与泊松比各向异性对套管应力的影响如图 4-18 和图 4-19所示。

页岩储层各向异度增加了套管应力（5%~10%）；弹性模量各向异性度影响更为敏感；弹性模量各向异度越大，套管应力越高。

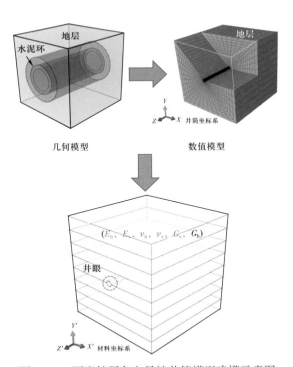

图 4-17 页岩储层各向异性井筒模型建模示意图

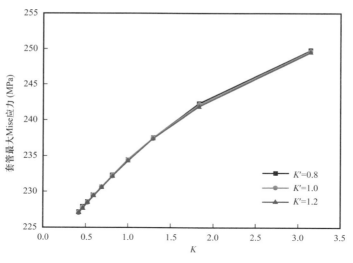

图 4-18　弹性模量对套管应力的影响图

K—储层弹性模量；K'—不同的页岩储层弹性模量

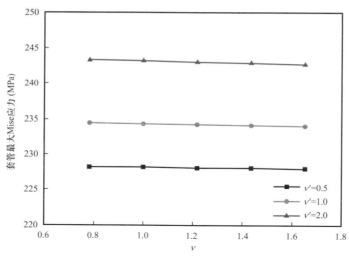

图 4-19　泊松比对套管应力的影响图

v—储层泊松比；v'—不同的页岩储层泊松比取值

第三节　热—流—固耦合作用下井筒数值模型

在井筒温度场模型建立过程中，考虑了压裂液摩擦损失热量和压裂液排量对于对流换热系数的影响两项因素，并且将水平段跟端设置为研究的对象[74]，如图 4-20 所示。

压裂过程中，套管在短时间内温度迅速下降，前 1h 内下降幅值达到 90% 以上[75]（图 4-21）。

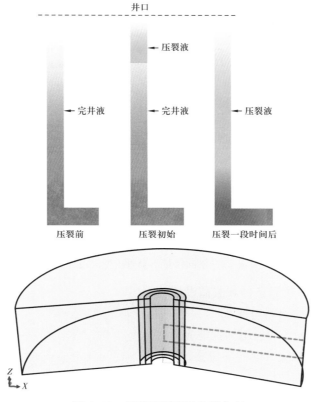

图 4-20　压裂液温度沿井筒分布

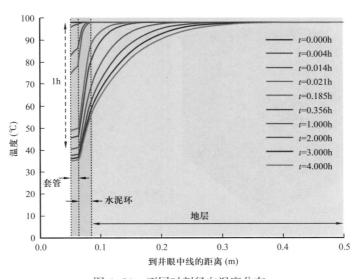

图 4-21　不同时刻径向温度分布

如图 4-22 所示，随着排量的不断能增大，同时刻套管内壁温度越低；排量增加值相同的情况下，温度递减值越来越小。

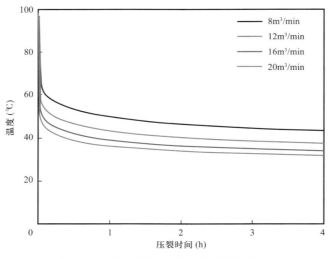

图 4-22 不同排量下套管内壁温度变化

如图 4-23 所示，边界条件和载荷设置：

（1）全局坐标系与材料坐标系一一对应；

（2）利用 Predefined 功能施加预地应力；

（3）所有面均作相应方向的零位移约束；

（4）套管内壁施加液压；

（5）温度外边界为平行于井筒的模型外壁，为稳定热源；

（6）温度内边界为动态边界条件。

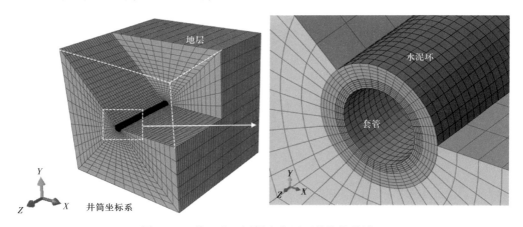

图 4-23 热—流—固耦合作用下井筒数值模型

热—流—固耦合作用下，套管应力大幅提升，且呈动态变化：先升高，后降低（套管遇冷收缩，变形不协调，导致套管内壁受巨大拉应力、外壁受压），如图 4-24 所示。

压裂过程中排量越大，同时套管应力也越大，如图 4-25 所示。

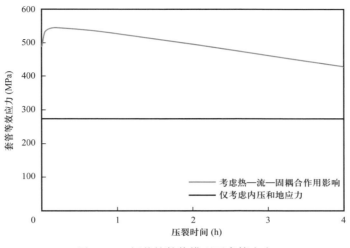

图 4-24　新井筒数值模型下套管应力

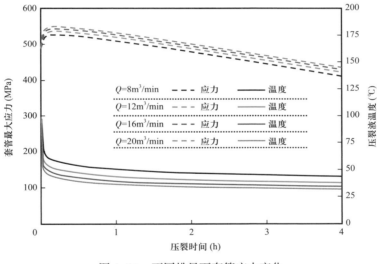

图 4-25　不同排量下套管应力变化

第四节　固井作业对套管应力影响

一、套管偏心

水平井钻井技术是实现油气钻采作业集约化、工厂化的有效手段，尤其是在页岩气储层等其他非常规储层中广泛应用水平井技术进行开采，但该类井中，在下套管过程中由于套管自重的影响，套管偏心现象比较严重，凝固后的水泥环厚度在井眼圆周上出现差异[76]。这样就使得套管外壁水泥环厚度不均匀，特别是在非均匀地应力条件下，就有可能使套管产生较大的应力，增加套管在井下的风险[77]。

根据现场所取得的成像测井图可知，W201-H1 井 1625～2720m 井段有较大的井段出现套管偏心（图 4-26），同时在 2579m 及 2331m 处偏心严重且在此处发生套损。

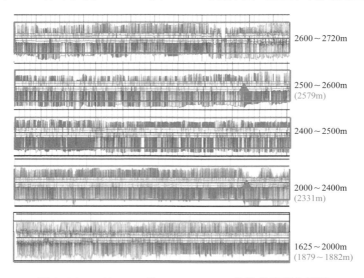

图 4-26　W201-H1 井 1625～2720m 井段套管偏心情况

由此可知，套管损坏与偏心有较大的联系，因此应该对套管偏心进行模拟，研究其对套管应力的影响规律，根据井的实际情况建立模型，如图 4-27 所示。

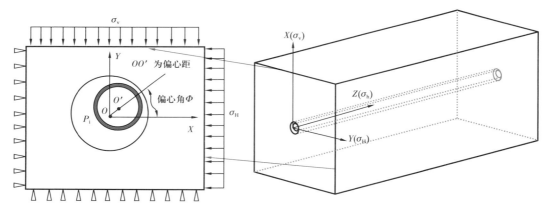

图 4-27　套管偏心状态下模型
p_i—原始地应力

在井眼中心建立坐标系 XOY，设套管中心为点 O'，井眼半径为 R，套管外径为 r，偏心距 OO'，偏心角为 Φ，X 方向为最大水平地应力方向，Y 方向为垂直地应力方向[78]。

模型设置条件为：偏心距为 $\rho=6$mm，12mm，18mm，24mm，30mm，偏心方位角为 $\Phi=0°$，15°，…，90°。

模型计算结果为：套管的 von Mises 应力分布，最大 von Mises 应力值。

为了研究偏心距和偏心综合作用时套管应力变化，模型设置条件为：偏心距为 $\rho=6mm$，12mm，18mm，24mm，30mm，偏心方位角为 $\Phi=0°$，15°，30°，45°，60°，75°，90°。模拟计算不同条件下套管内壁最大应力变化。根据模拟结果绘制套管最大应力变化曲线图，如图 4-28 和图 4-29 所示。

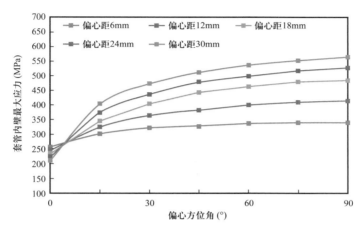

图 4-28　不同偏心距下套管最大应力随偏心角变化曲线

由图 4-28 可知，偏心角在 0°～10°，随偏心距增加，套管内壁上的最大应力逐步减小；偏心角在 10°～90°，随偏心距增加，套管内壁最大应力的最大值逐步增加。偏心距一定，随着偏心角增加，套管内壁最大应力增加速率减慢[79]。

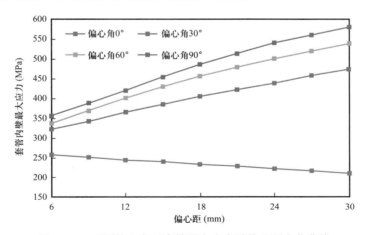

图 4-29　不同偏心角下套管最大应力随偏心距变化曲线

由图 4-29 可知，当偏心角等于 0° 时，套管的最大应力随套管偏心距的增大而减小；当偏心角大于 10° 时，随着偏心角的增大，套管最大应力随着套管偏心距的增大而增大，且增加速率逐渐增加。

由以上分析可知，套管偏心距和偏心角都会对其产生较大的影响，因此，在下套管过程中，要严格保证套管居中程度，避免产生较大的偏心[80]。

二、环空束缚流体

页岩气井水平段较长，因为自重原因套管极易发生偏心，进而引发周向间隙不均，导致窄间隙处水泥浆顶替效率急剧下降。加之采用油基钻井液不易冲洗顶替，窄间隙处极易发生窜槽；由于页岩气储层孔隙度和渗透率都极低，窜槽处成为含液密封腔体，内部液体则成为环空束缚流体[81]。图 4-30 所示为环空流体滞留下井筒模型，图 4-31 所示为井筒随压裂过程中应力变化的情况。

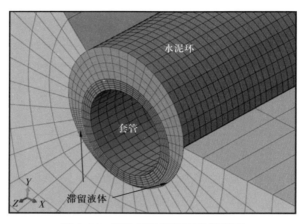

图 4-30　环空流体滞留下井筒模型

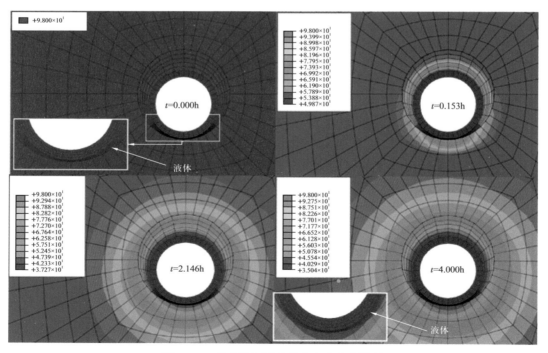

图 4-31　井筒随压裂过程中应力变化情况

压裂过程中，近井筒受压裂液作用影响温度降低。窜槽处液体受降温作用影响，体积收缩，极低的孔隙度和渗透率使得地层中的孔隙流体难以及时补充到腔体中，导致腔体压力急剧降低，套管内外压力失衡[82]。

第五节　地层非均质性下套管受力变形分析

采用椭圆载荷加载方法，如图 4-32 所示，$P_1 > P_2$，应力的不均匀系数定义为 P_1/P_2。计算分析不同应力状况下不同规格套管强度变化的规律。计算结果如图 4-33 所示，由于加载了非均匀外挤力，套管本体上应力分布极不均匀，在 X 轴方向内壁受到压应力，在 Y 轴方向内壁受到拉应力[83]。

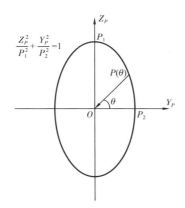

图 4-32　套管不均匀应力加载模式

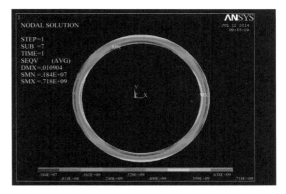

图 4-33　套管非均匀载荷下的应力云图

为了比较不同钢级壁厚套管抗不均匀外挤的能力，进行力学敏感性分析，计算结果如图 4-34 所示。

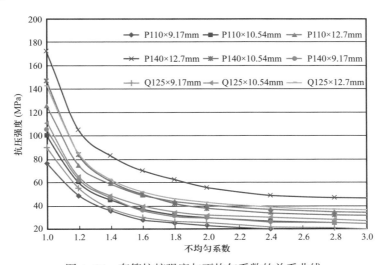

图 4-34　套管抗挤强度与不均匀系数的关系曲线

针对 $\phi139.7mm$ 的套管进行计算，共分析 3 种不同钢级：P110、Q125 和 P140；每种钢级下套管壁厚有 3 种规格：9.17mm、10.54mm 和 12.7mm。计算结果如图 4-34 所示，可以发现如下规律：随着不均匀系数的增加，套管抗挤强度大幅降低，但不均匀系数达到 3 以后强度下降不再明显；原始抗挤强度越高、壁厚越小的套管随不均匀系数增加抗挤强度降低幅度越大。

将不同套管规格在不同不均匀系数条件下的抗挤强度进行大小排序，见表 4-2。

表 4-2　不同不均匀系数下套管抗挤强度比较

剩余强度排序	不同不均匀系数对应套管规格（钢级 × 壁厚）				
	1.0	1.2	1.4	1.6	1.8
1	P140×12.7mm	P140×12.7mm	P140×12.7mm	P140×12.7mm	P140×12.7mm
2	P140×10.54mm	Q125×12.7mm	Q125×12.7mm	Q125×12.7mm	Q125×12.7mm
3	Q125×12.7mm	P140×10.54mm	P140×10.54mm	P140×10.54mm	P110×12.7mm
4	P110×12.7mm	P110×12.7mm	P110×12.7mm	P110×12.7mm	P140×10.54mm
5	Q125×10.54mm	Q125×10.54mm	Q125×10.54mm	Q125×10.54mm	Q125×10.54mm
6	P140×9.17mm	P140×9.17mm	P140×9.17mm	P110×10.54mm	P115×10.54mm
7	P110×10.54mm	P110×10.54mm	P110×10.54mm	P140×9.17mm	P140×9.17mm
8	Q125×9.17mm	Q125×9.17mm	Q125×9.17mm	Q125×9.17mm	Q125×9.17mm
9	P110×9.17mm	P110×9.17mm	P110×9.17mm	P110×9.17mm	P110×9.17mm

可以观察到，当不均匀系数为 1.2 时，P140×10.54mm 的套管强度下降至第 3 位；当不均匀系数增加到 1.6 时，P140×10.54mm 的套管强度下降至第 7 位；当不均匀系数增加到 1.8 时，P140×10.54mm 的套管强度下降至第 4 位；观察不均匀系数 1.8 时套管抗挤强度发现，壁厚 12.7mm 的套管排在前 3 位，壁厚 9.17mm 的套管排在最后 3 位。

通过比较可以认为，提高套管对抗不均匀的外挤力的能力，优先提高套管壁厚，兼顾钢级是最合理的选择[84]。当前在页岩气水平井综合考虑抗挤能力和成本选择 P110×12.7mm 最佳，也可适当提高至 Q125×12.7mm。

第六节　地层滑动对套管剪切破坏分析

一、模型建立

地层滑动对套管剪切破坏有限元模型示意图如图 4-35 所示，其中模型长 300m、高 100m，页岩储层厚 60m，每级压裂改造区域长（d_2）20m。井眼轨迹沿最小水平主应力方向。本节采用分步有限元方法建立三维有限元模型：第一步，对地层施加远场地应力；第二步，模拟钻井，并在井壁施加钻井液液柱压力，以模拟钻井过程中井周变形与应力状态；第三步，同时把水泥环和套管加入模型，使得水泥环外边界与变形后的井眼形状完全匹配；第四步，在套管内壁上施加压力载荷以模拟后期作业过程中的井下条件变化，其中模型四周施加法向约束。套管初始内压为20MPa，压裂过程中，套管内压力为90MPa。初始地层应力分别为：上覆岩层压力30MPa，最小水平主应力24MPa，最大水平主应力30MPa，其中套管屈服强度685MPa。模型假设：

（1）套管和水泥环的形状均为理想圆筒，并且井眼同心；

（2）忽略断层破碎带的影响。

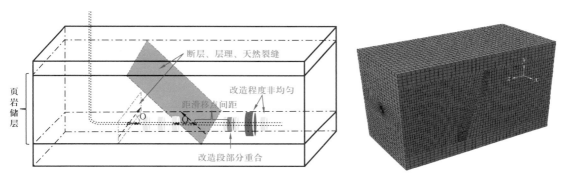

图4-35 地层滑动对套管剪切破坏有限元模型

页岩气体积压裂过程中大量的液体高速泵入地层，不仅会改变井眼周围压裂区域的体积，同时也会降低该区域储层的整体强度。为此，采用场变量以及虚拟温升的方法来模拟压裂改造区域应力以及物性的变化，其中改造区域为直径（d_1）20m的圆柱形，压裂过程中，改造区域温升为200K，压裂区域体积变化计算公式为：

$$\Delta T = \frac{1}{3\alpha_{\mathrm{T}}} \cdot \frac{Q_{\mathrm{v}}}{\pi\left(\dfrac{d_1}{2}\right)^2 d_2} \tag{4-4}$$

式中　ΔT——虚拟温升，K；

Q_{v}——注液体积，m^3；

α_{T}——热膨胀系数，K^{-1}；

d_1——改造区域直径，m；

d_2——改造区域沿井眼方向上长度，m。

有限元模型中页岩层理面、天然裂缝以及断层的界面设置接触属性为库伦摩擦，法向刚性接触，并假设井筒与滑移界面夹角 O 为 60°。

二、穿越断层套管应力计算

模拟结果如图4-36所示，第1级压裂过程中，改造区域地层力学性质以及应力场发生变化，注液时套管应力明显增大，且应力值较高的点主要位于改造段两侧而不是落在压裂区域内，停泵后，套管应力降低，其中沿井眼方向上的套管应力变化规律与注液时的大致相同。

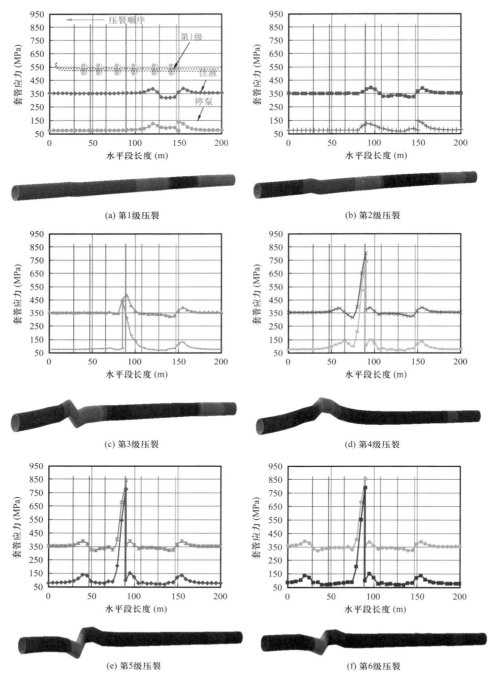

图 4-36　套管应力分布模拟结果

前两级压裂过程中，改造区域离滑移界面较远，套管应力最大值始终处于改造段两侧。现场统计也发现，套管区域发生在射孔簇间的占 33%，而发生在射孔段以外其他区域的占 67%。随着改造区域逐渐靠近滑移界面，第 3 级压裂后套管应力较高的区域则位于滑移界面处，其中套管峰值应力增大了 200MPa。第 4 级压裂时，改造段越过滑移界面，在压裂过程中，滑移界面处的套管应力迅速增大至 800MPa，同时停泵后的套管应力也增加到了 740MPa，其中套管应力值较高的区域位于滑移界面前侧。当压裂级数增大到 6 级，此时改造段已远离滑移界面，但是套管应力较大的区域依然位于滑移界面处且增大了 40MPa，这时滑移点前侧 5m 内的套管已经发生屈服变形。由此可见，体积压裂过程中，行到 A 点时，下入连续油管钻磨桥塞过程中，发现远离 A 点靠近 B 点的区域之前未失效的套管出现了变形损毁的现象。

图 4-37 为两种滑移界面走向示意图，其中滑移界面在第 2 种情况下的水平段套管应力分布如图 4-38 所示。与图 4-36 的模拟结果相比，前两级压裂时，当压裂改造段距离滑移界面较远时，两者沿井眼方向上的套管应力分布状态大致相同。随着改造段的继续推进，第 3 级压裂完停泵后，后者的套管应力峰值要明显低于图 4-36 的模拟结果。第 4 级压裂过程中，此时压裂改造段的位置已越过滑移界面，可以看到套管易发生屈服变形的位置则是处于滑移界面后侧附近区域。所以，滑移界面与压裂顺序的相对方向决定了套管发生屈服变形的大致区域。

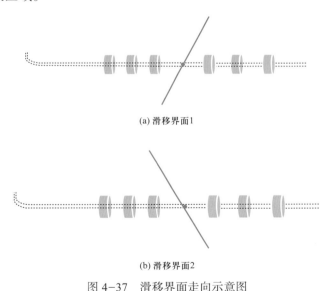

(a) 滑移界面1

(b) 滑移界面2

图 4-37　滑移界面走向示意图

三、断层滑移对套管变形量的影响分析

如图 4-39 所示，随着下界面滑移距离的不断增大，套管变形量不断增加，两者为线性关系。如图 4-40 所示，随着断层倾角的不断增大，套管变形量不断增加。

如图 4-41 所示，增加套管壁厚，有利于降低套管变形，套管壁厚增加 6mm，套管变形量降低幅度可达 68.2%。

如图 4-42 所示，增加水泥环厚度，可以降低套管变形量，但即便水泥环厚度增加 16mm，对套管变形量降低幅度的影响低于 3.2%。

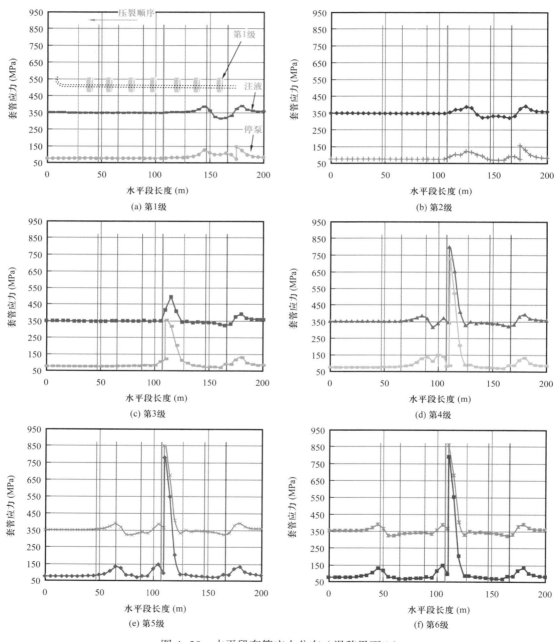

图 4-38　水平段套管应力分布（滑移界面 2）

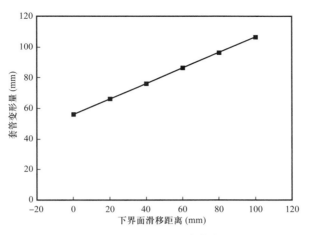

图 4-39　下界面滑移距离对套管变形量影响

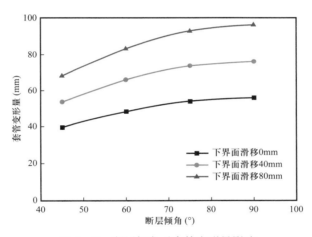

图 4-40　断层倾角对套管变形量影响

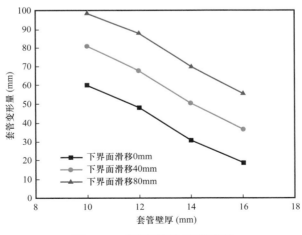

图 4-41　套管壁厚与套管变形

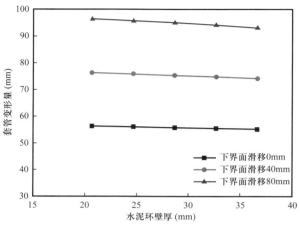

图 4-42　水泥环厚度与套管变形量

第七节　多段压裂对套管的影响

一、模型的建立

由于 W201-H1 井套管失效比较典型，且为早期评价井，数据资料齐全，因此以 W201-H1 井为模拟对象。

该井在第 4 次压裂和第 9 次压裂作业过程中发现了套管失效。为了减少模型复杂程度，提高计算速度，单独将压裂第 3～第 6 级和压裂第 8～第 12 级分别建立全尺寸三维有限元分析模型。图 4-43 和图 4-44 展示了对 W201-H1 井第 3～第 6 级压裂段和第 8～第 12 级压裂段两个区域微地震区域的几何拟合。

该模型有如下特点：整个模型考虑了地应力平衡和流固耦合；按照地层的岩性变化、岩石力学和地应力变化规律将模型划分为很多不同属性小层，不同小层赋予不同的材料属性、初始孔隙压力和地应力载荷；不单独对体积压裂形成的大面积体积缝进行描述，采用拟合渗透率的方式来描述该区域；结合微地震数据调整模拟区域；对于水平井多级压裂采用逐级叠加微地震数据进行拟合模拟[90]。

二、第 3～第 6 级压裂段模拟

建立了长 643m、宽 476m、厚 200m 的第 3～第 6 级压裂（2035～2678m）过程地应力场重分布和套管变形的有限元模型，如图 4-45 所示，分析大型水力压裂对套管失效的影响[91]。

（一）地层原始地应力场分布

根据测井资料和岩石地应力资料，建立第 3～第 6 级压裂水平井段区域在没有压裂之前的地层原始地应力场分布，随着井深变化而变化，如图 4-46 所示。最大水平地应力为 72MPa，垂直于井眼轴线方向；最小水平地应力约为 36.3MPa，平行于井眼轴线方向。

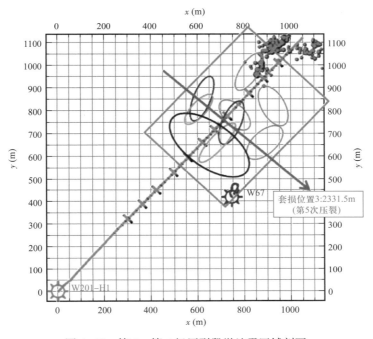

图 4-43　第 3～第 6 级压裂段微地震区域刻画

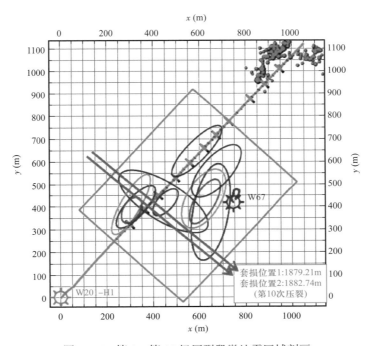

图 4-44　第 8～第 12 级压裂段微地震区域刻画

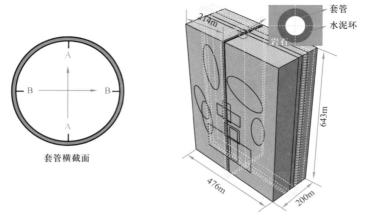

图 4-45 W201-H1 井第 3～第 6 级套管失效分析有限元模型

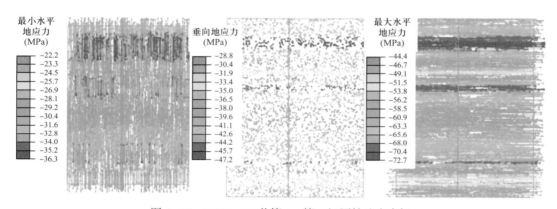

图 4-46 W201-H1 井第 3～第 6 级原始地应力场

（二）第 3 级压裂后地应力分析

第 3 级压裂后，微地震多发区域在压裂液压力（孔隙压力）作用下原地应力场重新分布，整个模型区域地应力数值和方向变化较大，如图 4-47 所示。两个方向的水平地

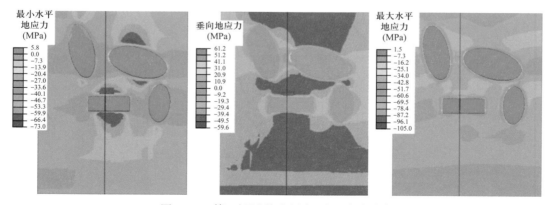

图 4-47 第 3 级压裂后地层三向地应力分布

应力在微地震附近区域明显增加，最小水平地应力达到 73MPa，最大水平地应力达到 105MPa。在微地震区域由于压裂施工压力很大，抵消了地应力作用而出现拉应力。

由于第 3 级压裂地应力变化较大，地应力场重新分布导致地层岩石和套管发生位移运动，如图 4-48 所示，套管局部区域最大位移量超过 240mm，套管存在较大的弯曲变形。

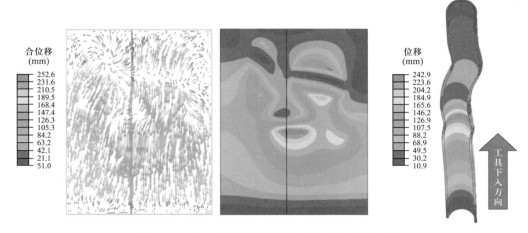

图 4-48 第 3 级压裂后地层位移和套管变形云图

套管在第 3 级（2465～2556m）压裂作业过程中，在 2335m 附近 A—A 方向出现明显的位移畸变，弯曲曲率大，套管段长小；B—B 方向最大位移为 23mm，套管呈明显 S 形，如图 4-49 所示，可能导致刚性作业管柱难以通过。

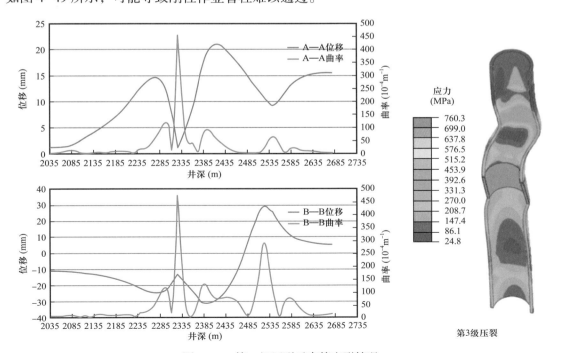

图 4-49 第 3 级压裂后套管变形情况

（三）第 4 级压裂后套管变形分析

第 4 级压裂后，微地震区和套管附近区域的地应力进一步重新分布，最小水平地应力达到 72MPa，最大水平地应力达到 116MPa，如图 4-50 所示。在第 3 级和第 4 级压裂区域形成非对称区域，地应力产生横向剪切力，导致套管变形进一步加剧，如图 4-51 所示。

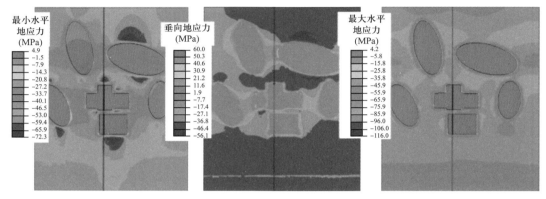

图 4-50　第 4 级压裂后地层三向地应力分布

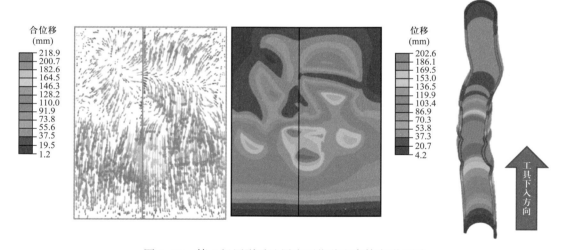

图 4-51　第 4 级压裂后地层岩石位移和套管变形云图

套管在第 4 级（2370～2465m）压裂作业过程中，在 2235m 附近出现最大曲率。在 2295m 附近 A—A 方向最大位移约 41mm，在 2515m 处 B—B 方向最大位移约 38mm，如图 4-52 所示，套管变形为 S 形。实际施工过程中，泵送第 4 只桥塞（ϕ114mm）至 2331.5m 处时遇阻，可能的原因就是套管发生严重弯曲，造成通过性问题。

（四）第 5 级压裂后套管变形分析

第 5 级压裂后，微地震区在套管附近增加了一部分面积，重复压裂套管附近区域地层，如图 4-53 所示。相对第 4 级压裂后的地层地应力分布，该级压裂后地应力大小和方向基本保持不变，套管变形基本相同，如图 4-54 所示。

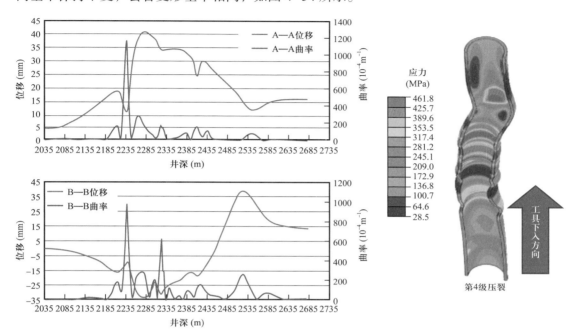

图 4-52 第 4 级压裂后套管变形情况

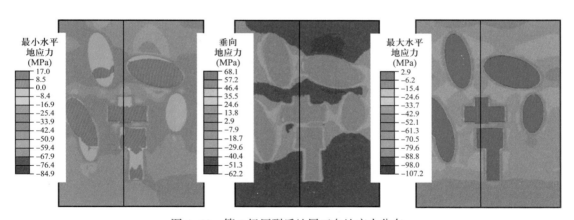

图 4-53 第 5 级压裂后地层三向地应力分布

同样地，取出套管的 A—A 方向和 B—B 方向位移和曲率，由图 4-55 可知套管在第5 级（2270～2370m）压裂作业过程中，在 2235m 处出现较大曲率，相对第 4 级压裂曲率稍小，套管弯曲形状基本相同。

（五）第 6 级压裂后套管变形分析

第 6 级压裂增加了较大面积的微地震区，使得第 4 和第 5 级压裂区相互连通。使得地应力分布发生了变化，数值大小变化不大，套管最大应力出现在第6级压裂段，如图4-56和图4-57所示。

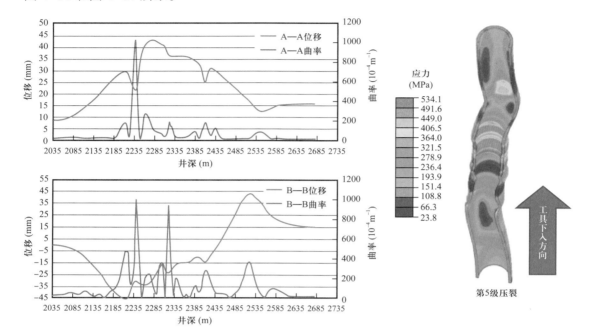

图4-54　第5级压裂后地层和套管位移分布情况

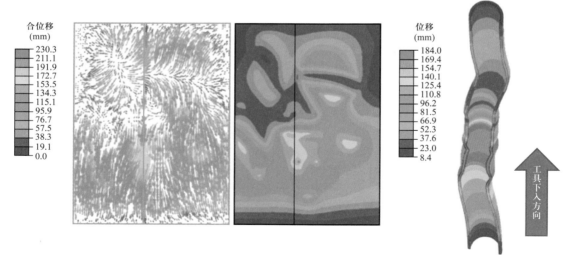

图4-55　第5级压裂后套管变形云图

　　套管在第6级（2170～2270m）压裂作业过程中，也在2235m处出现较大曲率，相对第4级和第5级压裂套管弯曲形状基本相同，最大应力区转到了第6级压裂段上，如图4-58所示。

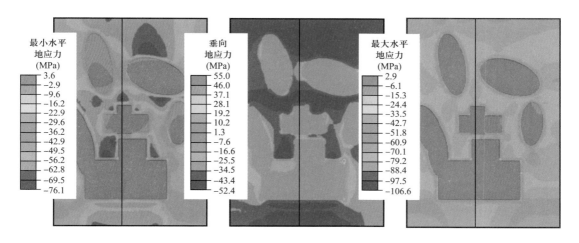

图 4-56　第 6 级压裂后地层三向地应力分布

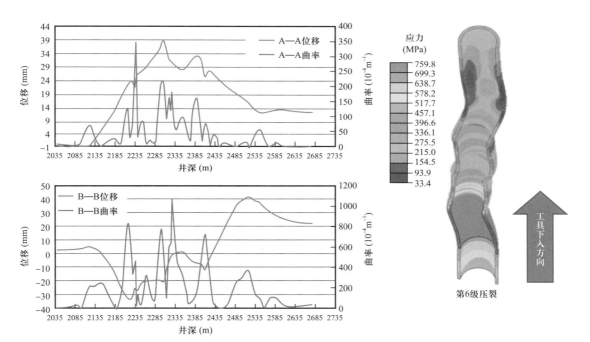

图 4-57　第 6 级压裂后地层和套管位移分布情况

随着多级分簇压裂作业，地应力随着压裂区域增加重新分布[92]，在地应力剪切作用下，套管从第 3 级开始发生弯曲变形，而且随着压裂作业过程不断加剧，在第 3～第 6 级分簇压裂作业过程中，第 4 级和第 5 级压裂造成套管位移最大，达到了 40mm 以上。

综上对 W201-H1 井第 3～第 6 级压裂过程套管变形分析可知，套管没有发生明显的挤毁现象，而是发生了比较严重的弯曲剪切变形，使得套管在局部区域出现后续工具通过性问题，导致压裂后套管失效。

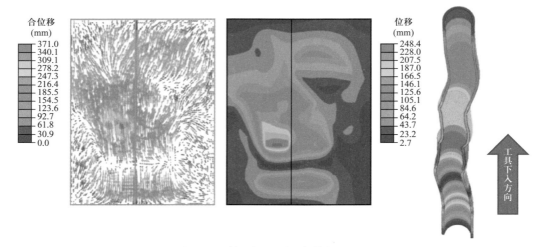

图 4-58　第 6 级压裂后套管变形云图

三、第 8～第 12 级压裂段模拟

采用同样的方法，建立了长 650m、宽 570m、厚 200m 包含第 8～第 12 级（1604～2080m）压裂过程地应力场重分布和套管变形的有限元模型，如图 4-59 所示。

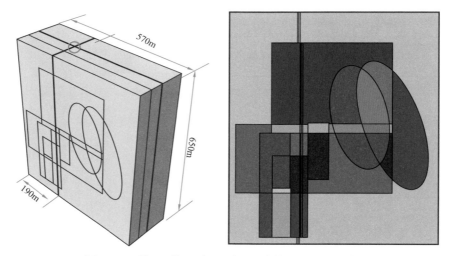

图 4-59　第 8～第 12 级压裂过程套管失效有限元模型

（一）第 8 级压裂后套管变形分析

第 8 级压裂后，在套管周围出现大面积区域微地震区，在该区域地应力分布变化明显，如图 4-60 所示。由于压裂施工压力大，压裂液压力基本抵消了三向地应力，在微地震区三向地应力都很小。但在区域边缘，尤其是套管周围导致岩性突变现象和应力界面效应，带动套管轴向移动，如图 4-61 所示。

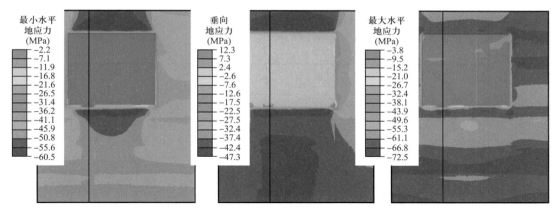

图 4-60　第 8 级压裂后地层三向地应力分布

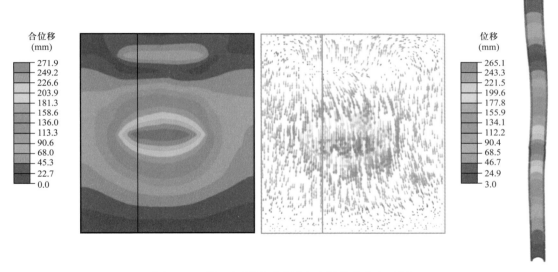

图 4-61　第 8 级压裂后地层和套管位移分布云图

在大量计算后发现，由于在该区域垂向地应力和最小水平地应力差距不大，套管在压裂后竖直方向基本没有移动，而在最大主应力的作用，导致套管在最大主应力平面内发生弯曲，因此提取套管横向位移数据进行研究。

套管第 8 级（1990～2080m）压裂后发生弯曲，在 1880m 和 2115m 附近发生位移方向改变，整体形状呈 S 形，但是弯曲幅度并不大，如图 4-62 所示。实际施工过程中出现泵送第 8 只桥塞至 1882.24m 遇阻现象，按照计算数据来看是不应该出现遇阻现象的，施工过程可能是由于该处套管弯曲导致压裂沉砂而发生阻塞。

（二）第 9 级压裂后套管变形分析

第 9 级压裂后，微地震区面积增大，出现重复压裂使地应力分布趋势类似于第 8 级压

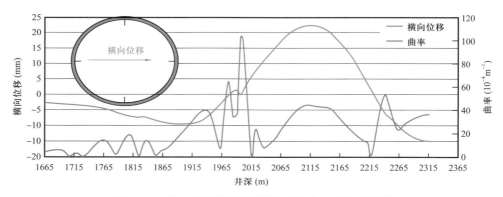

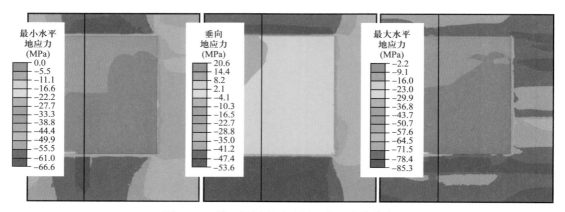

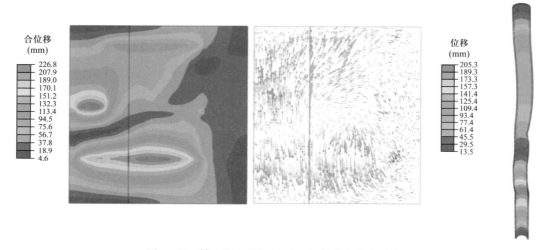

裂后现象,如图 4-63 所示。但地层岩石位移开始趋向于向两个方向运动,存在一定的剪切效应,使得套管局部弯曲,如图 4-64 所示。

图 4-62　第 8 级压裂后套管横向位移和曲率分布曲线

图 4-63　第 9 级压裂后地层三向地应力分布

图 4-64　第 9 级压裂后地层和套管位移分布云图

第 9 级（1900～1990m）压裂后，套管在 1880m 附近出现较明显的横向位移突变，如图 4-65 所示，套管呈现弯曲形状。

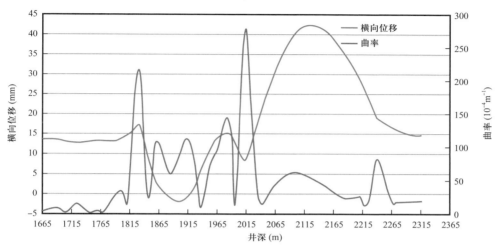

图 4-65 第 9 级压裂后套管横向位移和曲率分布曲线

（三）第 10 级压裂后套管变形分析

第 10 级压裂进一步在套管附近出现体积压裂改造区域，地应力分布趋势类似于第 8 级和第 9 级压裂，如图 4-66 所示。但地层位移呈现更明显两区域不同方向运动，套管弯曲加剧，如图 4-67 所示。

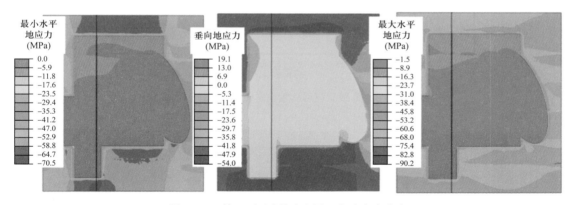

图 4-66 第 10 级压裂后地层三向地应力分布

第 10 级（1805～1900m）压裂后，在 1950m 处出现较大横向位移 70mm，在 1800m 处出现最大反向位移 45mm，已经呈现比较明显的 S 形弯曲，如图 4-68 所示。

（四）第 11 级压裂后套管变形分析

第 11 级压裂后，重复压裂区域进一步增大，岩石性能降低和非对称改造区位置导致地层在套管段长上出现反方向变形，如图 4-69 和图 4-70 所示。

图 4-67 第 10 级压裂后地层和套管位移分布云图

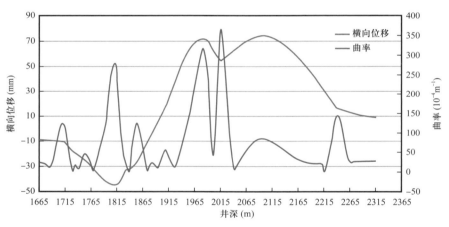

图 4-68 第 10 级压裂后套管横向位移和曲率分布曲线

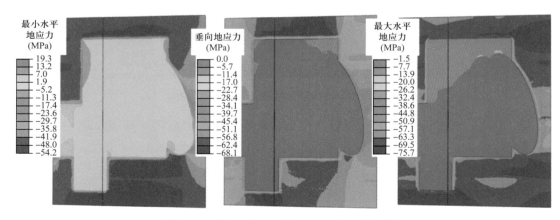

图 4-69 第 11 级压裂后地层三向地应力分布

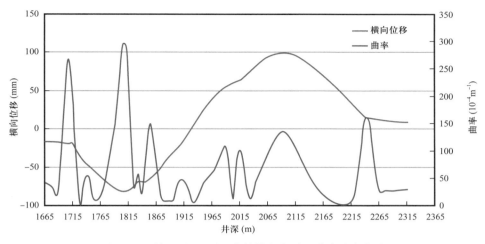

图4-70　第11级压裂后套管横向位移和曲率分布曲线

第11级（1705～1805m）压裂后，在1800m附近最大反向位移75mm，曲率较大，如图4-71所示，在该附近区域可能出现刚性钻具通过性问题。

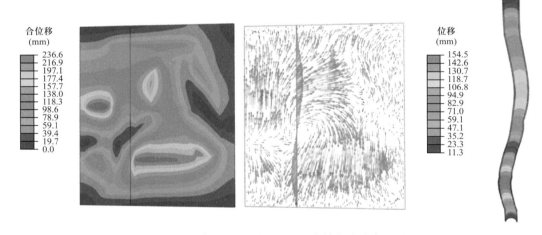

图4-71　第11级压裂后地层和套管位移分布云图

（五）第12级压裂后套管变形分析

第12级压裂后，微地震区域面积增大，地应力数值进一步增大，地层位移加剧剪切作用，套管弯曲进一步加剧，如图4-72和图4-73所示。

第12级（1604～1705m）压裂后，在2150m处出现最大横向位移100mm，在1810m处出现最大反向位移98mm，套管弯曲加剧，呈现明显S形，加大了工具通过性难度，如图4-74所示。实际施工过程中，压裂后用ϕ117mm磨鞋钻塞，下至1879.21m处遇阻，改用ϕ105mm磨鞋钻完剩余桥塞。由此可见，确实在1880m附近由于弯曲导致工具通过性问题而出现套管失效。

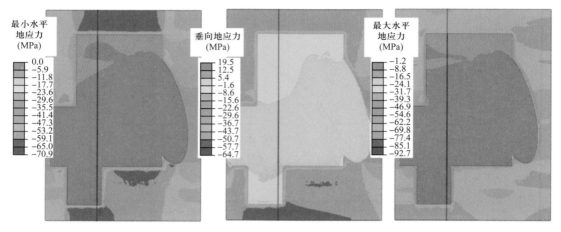

图 4-72 第 12 级压裂后地层三向地应力分布云图

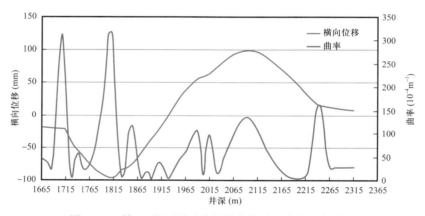

图 4-73 第 12 级压裂后套管横向位移和曲率分布曲线

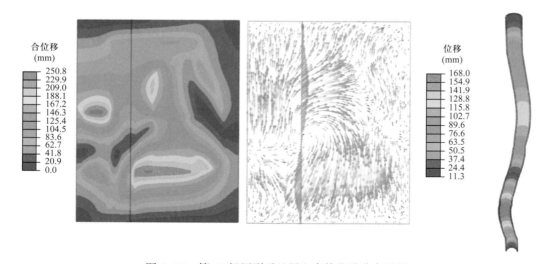

图 4-74 第 12 级压裂后地层和套管位移分布云图

　　纵向比较第 8～第 12 级压裂后套管应力应变数据，发现随着压裂级数增大，重复压裂区域增多面积增大，套管弯曲程度加剧。套管弯曲导致刚性工具通过时出现阻碍。

　　结合套管失效井资料统计分析和数值模拟研究，水平井套管失效原因之一可能是重复压裂后的岩石性能降低和非对称改造区域共同作用导致套管附近地应力场重新分布，形成剪切效应，使套管出现 S 形弯曲，导致完井工具下入过程通过性问题。

第 五 章

页岩气水平井油层套管变形防控技术

在页岩气勘探开发过程中，套管变形严重制约页岩气井安全快速投产。在确定长宁—威远页岩气井发生套管变形的机理后，当前利用地质工程一体化技术，在钻井、完井压裂两个阶段均针对性地制订了相关的设计、作业措施，来降低套管变形的风险和减小套管变形的程度。同时，由于地质条件的复杂性，在套管变形不能完全消除的现状下，发展套管变形条件下的体积压裂技术和页岩气水平井套管整形和修复技术，将套管变形对页岩气水平井压裂改造的影响降至最低。

第一节　套管变形预测及控制技术

一、钻井阶段防控措施

（一）措施井位部署

对地震资料精细解释，并结合实钻资料及时更新，精细描述断层及天然裂缝，重点识别剪切滑移风险大的天然裂缝，在井位部署时尽量避免井眼轨迹横穿裂缝带或断层，如图 5-1 所示。

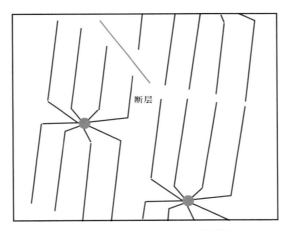

断层

图 5-1　断层附近推荐的布井模式

（二）井眼轨迹

在钻井阶段，应尽量优化井身轨迹，为避免大狗腿度，造斜段控制在 8°/30m 以内，水平段控制在 3°/30m 以内，确保井眼轨迹平滑。优化地质导向技术，强化轨迹跟踪和实时调整，建立地质导向联动机制，避免在各小层间频繁穿越，尤其避免进入五峰组和宝塔组，减少套管失效的地质风险。

（三）套管选择及下入

优选油层套管，提高套管本体抵抗变形的能力。具体思路为优先选择大壁厚的套管，兼顾套管钢级，当前工区普遍采用的 $\phi139.7mm \times Q125 \times 12.7mm \times$ 气密封规格的套管，对降低套管变形的发生率起到了一定作用[85]。

在下入套管过程中，应优化扶正器安放位置，优选套管扶正器，提高套管居中度，针对井眼条件差、套管下入难度较大的井，采用顶驱旋转下套管措施，严禁强压、强砸，确保安全下入，避免套管下入过程受损[86]（图 5-2 和图 5-3）。

图 5-2　旋转下套管

图 5-3　旋转引鞋

二、压裂阶段防控措施

（一）套管变形高危区域压前预测

通过前面的分析，形成了采用三维地震资料开展压前预测的分析方法，图 5-4 展示了压前预测套管变形主要技术流程。

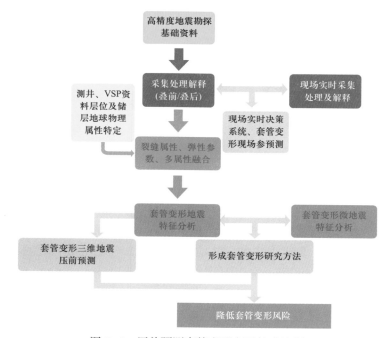

图 5-4　压前预测套管变形主要技术流程

根据图 5-4 所示技术流程[87]，开展套管变形压前预测及优化设计，具体步骤如下：

（1）基础资料采集。井区三维地震勘探基础资料、单井井眼轨迹、单井测井和 VSP 资料。

（2）单井数据标定。将单井坐标以及轨迹与井区三维地震勘探资料进行叠加，结合测井、VSP 资料等井数据进行单井层位及储层地球物理属性标定。

（3）井区基本地质特征参数的提取。利用裂缝属性程序提取裂缝属性，利用如 Jason、Stara 等软件进行弹性参数反演，最终形成裂缝和 TOC、纵横波阻抗、杨氏模量、泊松比等弹性参数在三维空间上的展布图。

（4）套管变形高危区域的判断。

① 分析井眼轨迹附近断层产状，综合评估断层走向、断层类型、断层尺度、断层与井眼的距离或是否相交，判断该区域是否为发生套管变形高危区域，具体的分析判定指标总结见表 5-1。

② 分析井眼轨迹附近裂缝带产状，综合评估裂缝带走向、裂缝带类型、裂缝带与井眼的距离或是否相交，判断该区域是否为发生套管变形高危区域，具体的分析判定指标总结见表 5-1。

③ 分析井眼轨迹附近区域地层弹性参数的分布规律与非均值性程度（岩性突变），判断该区域是否为套管变形高危区域。具体的分析判定指标总结见表 5-1。

套管变形三维地震压前预测具体用到属性信息见表 5-1（表中量化数值属于经验值，仅供参考）。

表 5-1　套管变形三维地震压前预测主要属性信息

序号	类型	技术手段	判定方法	判定指标
1	断层	地震数据为主，裂缝属性为辅	判断断层类型、大小强度、活动性以及断层与套管距离等	通天断层不利于油气保存，断层活动性主要根据地震剖面和现场微地震分布特征来判定，距离断层较近的储层改造井应注意调整施工参数
2	天然裂缝	曲率、相干、蚂蚁体等	判断井筒附近裂缝对套管影响	裂缝与井筒方向呈 45° 对套管影响较大，易发生套管变形；同时注意地层褶皱较大引起天然裂缝发育导致套管变形
3	岩性突变	横波阻抗、杨氏模量、泊松比等	判断弹性参数在井筒附近是否产生异常	主要利用横波阻抗，横波阻抗值变化值达到 2500g/（cm²·s），可视为岩性发生较大变化；同时要针对井轨迹穿层引起的岩性变化

（二）优化压裂设计

依据三维地震资料，分析断层、裂缝带分布及实钻井漏等情况，在预测出套变风险高的井段后，要差异化设计分段段长、射孔位置、注入液量和砂量规模。

（1）分段设计：断层处取消密切割，增加段长；

（2）射孔位置：离断层面 30m 以上，避开井漏；

（3）桥塞位置：坐封位置避开断层；

（4）采用长段距、多簇射孔暂堵转向等工艺技术措施，缓解压裂应力集中；

（5）宜降低压裂排量和规模。

通过研究表明，压裂过程中针对天然裂缝发育区域控制注入排量和注入液量，能有效降低对天然裂缝、弱面的激活程度、减少其滑移、剪切的概率[88]。如图 5-5 所示，在保持注入液量不变的情况下，随着注入排量的降低，断层带的激活长度发生明显减小，裂缝激活数呈现下降的趋势。

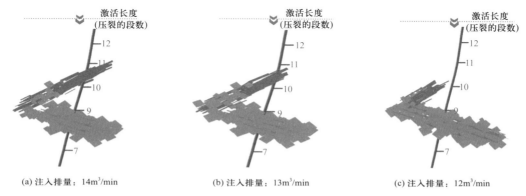

图 5-5　注入排量与断层激活数的关系

在注入排量不变的情况下，随着总液量的降低，断层带的激活长度发生明显减小，裂缝激活数呈现下降的趋势，如图 5-6 所示。

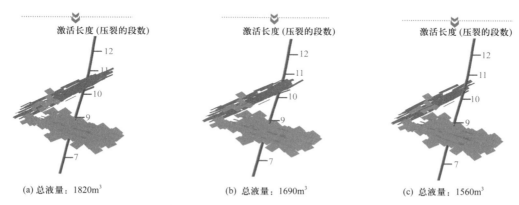

图 5-6　注入液量与断层激活数的关系

（三）压裂过程中套变风险评价等级以及现场控制

对工区内套变情况分析发现，页岩气水平井在压裂阶段产生套管变形表现在微地震现场实时监测结果上，主要有以下几点：

（1）压裂段位于压前三维地震预测出现岩性突变区域内；

（2）压裂段位于断层应力控制范围或天然裂缝发育区域内；

（3）压裂段现场微地震实时监测结果显示在近井筒处出现大震级异常事件；

（4）压裂段现场微地震实时监测结果显示事件点有明显沟通断层或天然裂缝带的现象；

（5）压裂段现场微地震实时监测事件点重复出现在某一区域内或重复出现在已经改造过的压裂段附近；

（6）压裂段现场施工曲线出现异常，如加砂困难、压力不稳、突然升高等。

当水力压裂施工过程中出现上述的3种或3种以上时，属于Ⅰ级预警，应该立即采取降低施工排量、减小施工规模以及停泵等有效措施，以保证套管的完整性；当水力压裂施工过程中出现以上的2种时，属于Ⅱ级预警，应时刻关注微地震实时监测结果，控制施工规模，防止出现更为严重的情况；当水力压裂施工过程中出现以上的1种时，属于Ⅲ级预警，压裂施工现场密切关注微地震实时监测结果并核查该井段钻井、固井及测井信息。

第二节　套管变形井分类处理技术

一、套管变形后处理流程

页岩气水平井油层套管失效后，无法按照设计进行下入桥塞射孔分段压裂，因此，需要针对发生套管失效的井采取相应的处置措施来保证分段压裂施工往前推进[89]。现场标准的作业流程如图5-7所示。

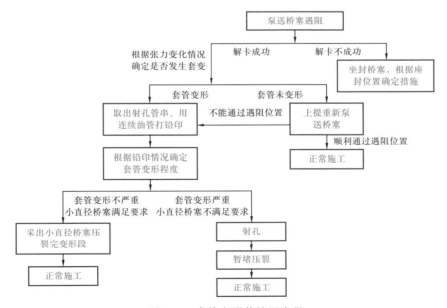

图5-7　套管变形井处置流程

在确定套管变形状况和严重程度后，结合套变段多臂井径测井结果，以不同内通径可溶桥塞分段为首选原则，依次采用复合暂堵分段压裂，其次采用 CT 喷砂射孔＋缝内暂堵工艺，力争做到不丢段。

二、复合暂堵分段压裂工艺

已经无法正常采用下入桥塞的方式进行分段压裂，可以采用屏蔽暂堵转向压裂的方法，来完成套管变形影响段的压裂改造。

采用可溶性暂堵球（图 5-8）堵住射孔孔眼，其技术指标见表 5-2。对地层裂缝采用缝内砂堵方式进行暂堵。

图 5-8　可溶性暂堵球

表 5-2　可溶暂堵球技术指标

测定项目		技术指标
外观		灰白色或淡黄色小球
密度（g/cm³）		1.79 ± 0.05
直径（mm）		13.50 ± 0.06
耐温抗压强度	温度（℃）	90
	抗压差强度（MPa）	60
降解时间（d）		3～5

通过分批投入暂堵球封堵已经被改造的地层区域，避免改造段的单一化，对长分段实现最大化均匀改造，力争提高储层动用程度。以 CNH6-6 井为例说明，该井在第 9 段压裂后发生套管变形，现场选用 13.5mm 的可溶性暂堵球，按照需要封堵孔眼个数 1∶1 进行投放开展暂堵转向压裂。转向压裂作业工艺示意图如图 5-9 所示。

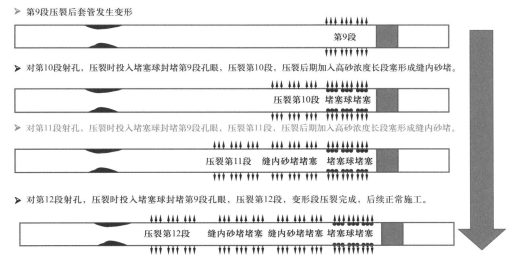

图 5-9　转向压裂作业工艺示意图

CNH6-6 井第 10 段和第 11 段施工时，在 8m³/min 排量下，分别投入 48 颗和 36 颗堵塞球，从施工压力响应看，每段投入暂堵球后压力响应明显，表明第 9 段孔眼被成功封堵。压力响应也表明，第 10 段和第 11 段压裂后缝内砂堵成功实施，如图 5-10 和图 5-11 所示。

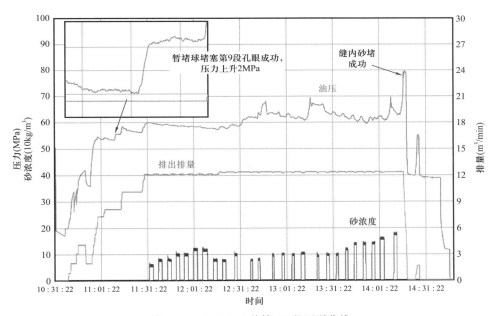

图 5-10　CNH6-6 井第 10 段压裂曲线

第 12 段，第 1 次在 8m³/min 排量下，分别投入 36 颗堵塞球，从施工压力响应看，投入暂堵球后压力响应明显，表明第 9 段孔眼被成功封堵。第 2 次在总施工液量到 1900m³ 时，排量为 12.3m³/min，投 12 颗堵塞球，在计算顶替量刚好到达第 12 段射孔位置时，压力明显上升，表明第 12 段部分孔眼初堵住。施工压力曲线如图 5-12 所示。

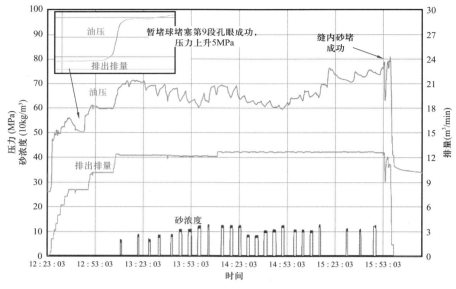

图 5-11　CNH6-6 第 11 段压裂曲线

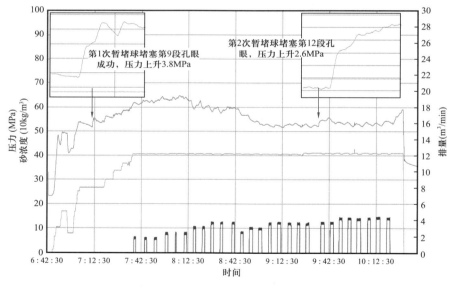

图 5-12　CNH6-6 第 12 段压裂曲线

第三节　页岩气套变修复工艺技术

一、水平井套管补贴技术

套管补贴技术是针对套管漏失、变形、错断、误射等情况，通过下衬管并密封衬管两端而形成完整通道的工艺技术，它既适用于中浅层套管损坏，又适用于中深层套管损坏，周期相对较短，投入成本相对较少。

（一）金属波纹管补贴技术

波纹管补贴技术主要用于修复套管局部穿孔、腐蚀、螺纹漏失、误射孔等，其原理是在按顺序连接补贴工具、组装补贴波纹管、涂抹粘接剂，用油管将管柱下到补贴预定位置，用液体作为传动媒介，通过泵车在地面加压，用油管将压力传到专用补贴工具内部的液缸，推动活塞并带动拉杆和与拉杆连接的刚性膨胀锥、弹性膨胀锥一起运动，将涂有粘接剂的特制薄壁纵向波纹钢管补贴在待补贴套管内壁上，从而恢复油水井的正常生产。

波纹管的补贴工具有液缸式和水力锚式。液缸式的工作过程为，用液缸上提胀头胀开波纹管下端，然后上提管柱，使胀头强行通过波纹管。此时，整个波纹管先胀开的那一段与套管之间紧密配合固定在套管上。

水力锚式是先用水力锚将波纹管限定在补贴部位，然后上提胀头胀开波纹管下端，再将水力锚卸压，胀开的波纹管与套管之间紧密联结；上提管柱，胀开整个波纹管。

当然，也可以将水力锚和液缸复合使用，这时水力锚位于液缸之上，水力锚固定在套管上承受液缸拖动胀头时的轴向拉力，以减轻油管负荷。

波纹管补贴的施工工艺主要包括以下几个：电测井径、扩眼、下波纹管柱、憋压膨胀、投球丢手、磨铣波纹管柱上端口、修整胀管、磨铣下底阀。

波纹管可以下过直径小的井段，对井眼的打通道要求不严格，而且可以先补上部井段再补下部井段；补贴管薄，补贴管与套管之间没有间隙，所以，补后内径大，可使井下工具容易通过。缺点是承受压力低，补贴力小，要求补贴段套管内壁条件较为苛刻，否则会造成补贴管和套管简单挤压在一起，难达到密封技术指标，特别是出现井下套管内径变化的多样性（如内径大小及不均匀性、椭圆性等）。该技术只能用于补贴孔眼小一些的套破孔洞，套管螺纹漏失等，对错断井就不能进行补贴，因为补贴的原理决定了其不能抗剪切及承受高压。

（二）软金属膨胀套管补贴

将补贴管两端焊接软金属胀套，挤胀后与套管内壁接触产生密封效果。补贴工具是水力机械压缩液缸下端连接胀体，中心拉杆穿过补贴管在末端也同样连接一个胀体，将补贴管固定在中心连接杆上。补贴工具下入补贴井段后，水力机械中心连接杆两端胀体相对压缩挤胀，使软金属胀套胀径与套管内壁接触产生密封效果，此时工具动作完毕，达到补贴目的。

（三）套管爆炸补贴

套管爆炸补贴如图5-13所示，它的补贴原理是：利用

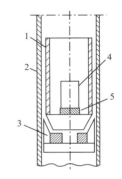

图 5-13　套管爆炸补贴示意图
1—补贴管；2—套管；3—发动机；
4—炸药；5—启动器

排液发动机中固体推进剂燃烧时所产生的高能气体射向补贴管与套管之间的环形空间，在局部形成高压，驱替环形空间中的液体介质。也就是说在发动机工作点火之后，喷出高温高压的气体，该气体推动补贴管与套管中环空液体介质向上运动，并冲刷清洗补贴管表面，来排出液体，清理补贴管与套管的接触面，使局部环空面上可以实施焊接，其他部位紧贴在一起。

在装药结构上，采用局部加强装药，使爆炸后补贴管与套管紧贴，并形成环状凸起，这样既能起到密封作用，又满足了井下作业的通径尺寸要求。这一过程就称为爆炸补贴技术。这种方法的缺点是对炸药的选择及用量的计算提出了很高的要求，一旦炸药选择及用量错误，就可能导致补贴管没有紧贴在套管上，或者会导致套管的二次破坏。所以爆炸法补贴的密封性、可靠性、最大通径和一次补贴长度等方面存在许多缺陷或受到某些条件的限制。

（四）复合材料套管补贴

1998—1999 年，国外研制了一种复合材料套筒，利用合成橡胶纤维和热固树脂制成。将此复合材料装在工具上下入井内套管破损处挤压在套管内壁上，然后加热使树脂聚合，撤回工具，在原地留下一个耐压的内衬。采用这种办法后套管只有很小的缩径，现场实验成功，目前已经开始进行工业操作。

（五）两端加固补贴技术

为了适应新的技术参数，补贴管用有一定厚度和很高强度的圆钢管，然后只要将两端牢牢"焊接"在套管上。

按补贴的动力可将两端加固补贴技术分为燃气动力两端加固补贴和液压式两端加固补贴。这两种补贴的原理是相同的，都是在破损井段下入补贴加固管，启动动力坐封工具，产生强大的机械力，迫使加固衬管两端的特殊金属锚定器张大，过盈配合挤在被预定加固部位的套管上，从而达到修复套管的目的，满足其使用寿命、密封性及悬挂力等技术指标。

（六）高强度自锁卡瓦式套管补贴

该项工艺技术主要采用动力坐封工具，在补贴管两端装有密封卡瓦座、密封金属环。密封金属环靠挤压缩金属膨胀产生多极密封效果。补贴管采用密封螺纹连接，可以不受井架高度限制加长补贴。

（七）套管错断井补接技术

套管错断井的补接和套破井的补贴技术在原理上属于两端加固补贴，但在指标上两者有本质的差别，主要是补接的两端加固材料、补接管材和补接的动力工具都在技术上有很大的改进，必须满足以下条件：

（1）补接管强度高，屈服值完全等同或高于套管强度，补接后可承受较大的剪切力。

（2）补接管两端为可靠的"冷焊接"。

（3）补接后内径大，$5^1/_2$in 套管补接后内径可达 110mm，可以通过修井的 $2^7/_8$in 钻杆（接箍 105mm）；7in 套管补接后内通径也达到了 146mm。

（4）补接段可承受 600kN 的悬挂和拉力，抗内压 30MPa。

（5）补接段耐高温 500℃，可满足稠油井的蒸汽吞吐。

套管补贴只是解决套管漏、破的封堵问题，且补贴后的技术指标也很难得到保证；而补接不仅实现了远非补贴所能实现的可靠的高质量的封堵，还可以使完全错断的报废油水井死而复生。

（八）套管补贴堵漏技术

针对页岩气水平井套管漏点影响后续压裂施工的套损问题，对现场成熟的几种套管补贴堵漏技术特点进行对比，结果见表 5-3。

表 5-3　几种套管补贴堵漏技术特点

序号	名称	需要配合的设备	技术特点	总结对比
1	斯伦贝谢公司套管补贴技术	油管或者连续油管	需要修井机、压井，膨胀管补贴段套管内径≥110mm（φ110mm 通井规能通过），如果膨胀管补贴段套管内径<110mm，需要对补贴段套管通道进行机械或液压胀管或磨铣处理	补贴段内通径 105mm，可以过外径 99.2mm 大通径桥塞，抗内压 100MPa，抗外挤 24MPa
2	亿万奇公司套管补贴技术	油管或者连续油管	需要修井机、压井，膨胀管补贴段套管内径≥114.3mm（φ113mm 通井规能通过），如果膨胀管补贴段套管内径<113mm，需要对补贴段套管通道进行机械或液压胀管或磨铣处理	补贴段内通径 101.6mm，可以过外径 99.2mm 大通径桥塞，抗内压 70MPa，抗外挤 56MPa
3	华鼎公司套管补贴技术	油管或者连续油管	需要修井机/连续油管、压井，膨胀管补贴段套管内径≥110mm（φ110mm 通井规能通过），如果膨胀管补贴段套管内径<110mm，需要对补贴段套管通道进行机械或液压胀管或磨铣处理	补贴段内通径 93mm，补贴后无法下入桥塞，抗内压 70MPa，抗外挤 50MPa

表 5-3 中斯伦贝谢公司套管补贴堵漏技术施工步骤如下：需要修井机、压井，膨胀管补贴段套管内径≥110mm（φ110mm 通井规能通过），如果膨胀管补贴段套管内径<110mm，需要对补贴段套管通道进行机械或液压胀管或磨铣处理。补贴段内通径 105mm，可以过外径 99.2mm 的大通径桥塞，抗内压 100MPa，抗外挤 24MPa。通井，下入膨胀管管柱，打压可膨胀封隔器，膨胀完成起出下入工具[93]。图 5-14 所示为斯伦贝谢公司套管补贴入井工具及步骤。

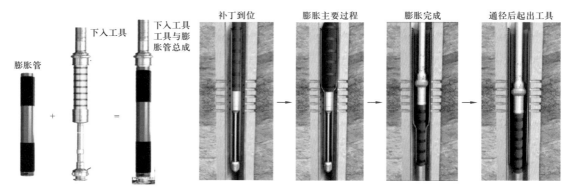

图 5-14　斯伦贝谢公司套管补贴入井工具及步骤

二、水平井套管整形技术

通过机械整形工具或爆炸等手段将在塑性极限内的套管缩径恢复到接近套管原始内通径的工艺技术，称为套管整形技术，该技术只适用于套管的轻微变形，其周期较短，可应用小修作业设备进行修复。其中，机械式整形只限于变形量 $\Delta\phi \leqslant 5mm$ 的整形，爆炸整形变形量 $5mm \leqslant \Delta\phi \leqslant 25mm$，在已有爆炸整形工艺基础拓宽了的爆炸整形工艺，可在套管接箍、套管外无水泥环处以及射孔井段进行爆炸整形。

（一）爆炸整形技术

爆炸整形修井工艺技术的原理：爆炸整形是根据爆炸瞬间产生的巨大能量，通过液体介质（压井液）的传递，将化学能变为机械能来克服套管和岩石的变形应力和挤压力，使套管向外扩张产生膨胀，迫使地应力在局部范围内重新分布，达到整形的目的。

（二）套管水力整形技术

套管水力整形技术中应用到了下列工具：分瓣式胀管器、液缸和防顶扶正装置等。在工作时，依次将分瓣式胀管器、液缸和防顶扶正装置连接好，用油管下到套管的变形井段顶部，通过地面泵车向油管内打压，液缸的反向推力由防顶扶正装置和油管承担。在向油管内打压的同时，液体压力也同时驱动防顶扶正装置的锥体将卡瓦撑开并锚定在套管上，压力越高锚定力越大。连接在分瓣式胀管器上的液缸将动力液的压力转换成轴向机械推力推动分瓣式胀管器挤胀套管的变形部位（作用原理与梨形胀管器相同），使其复原。当液缸走完一个行程，则变形部位被修复一个行程的长度。如果变形部位较长，则需要在修复一个行程的长度之后，重新提放管柱，将其放到没被修好的部位重新打压挤胀，直到胀管器能够顺利通过变形部位为止。

（三）碾压整形

碾压整形扩径工艺是套损井修复过程中对水泥环影响较小的打通道技术，主要用于修复套管损坏较轻、尚未错断的油井。通过钻杆连接把恒压控制器、扶正器和滚珠整形器下放到套损位置，地面转盘带动滚珠整形器转动，对损坏套管扩径整形。拟通过对油井套管、水泥环和地层的力学分析，建立套损井碾压整形的力学模型，根据应变协调的原则判断水泥环及第一和第二胶结面的损坏判据，综合评价碾压整形方法，以保证修井质量。碾压整形主要是依靠滚珠在套管变形位置反复滚压施加外力，促使套管产生塑性变形完成整形，如图5-15所示。

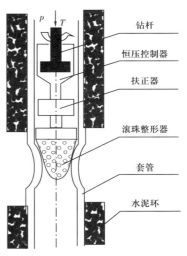

图5-15　碾压整形示意图

（四）冲击整形

冲击整形是根据撞击原理设计的冲击机械，针对套管变形井、轻微错断井建立起来的一种套管修复技术，也是目前机械整形中常见的一种方法。

冲击整形的组合工具主要由钻杆、配重器和梨形胀管器组成。梨形胀管器的上部是一个圆柱体，下部是一个圆锥体，圆锥体的表面为胀管器的工作面，其锥体的锥角一般大于60°。若锥角过小，胀管器锥体和套管接触部位容易产生挤压自锁而发生卡钻事故；若锥角过大，则每一次的整形效果不明显，结构如图5-16所示。冲击整形时的工作过程：梨形胀管器通过钻杆的连接，下放到离套损点9~18m处停止，然后依靠钻杆及其整形工具的自重在井液中自由下放，临近套损位置上部的某一瞬时，司钻瞬时进行刹车（对整形的冲击行为进行人为干预），在这种条件下胀管器进行整形。在冲击整形中主要依靠钻杆向下运动的惯性施加给胀管器一定的作用力，使胀管器锥体工作面与套损接触部位瞬时产生径向分力，冲胀变形部位。冲击整形组合工具扩径原理如图5-17所示。

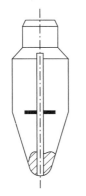

图5-16　梨形胀管器示意图

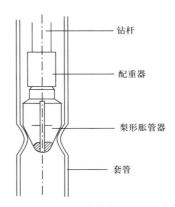

图5-17　冲击扩径示意图

使用梨形胀管器时，将胀管器上提到距离变形位置9~18m处，反复下放钻具，依靠钻柱的惯性力迫使工具的锥形头部楔入变形部位，进行挤胀，这种方法可使内径增加

1.5～2mm。作业时，应控制好冲击力的大小，冲击力过小，达不到整形的目的；冲击力过大，胀管器可强行通过，但当套管发生的弹性变形恢复后，容易引起卡钻事故。由于梨形胀管器最大工作面积受环空间隙和一次最大整形量所限，往往需要更换几次甚至几十次不同工作面尺寸的胀管器才能完成变形井、错断井的修复工作，所以整形时起下钻和更换工具的时间较为频繁，工作量较大。

（五）液压胀管整形技术

液压胀管整形技术主要考虑从以下几个方面着手克服现有整形技术的不足：采用液压提供动力，以改变原有整形技术的动力方式；工具具有连续工作的能力，一个工作行程完成后能够通过一定的动作可靠地转入下一个工作行程；分瓣胀管器具有自行解卡的功能，单次整形量为6mm。

1. 工具结构

液压胀管整形工具主要由液压胀管器和分瓣胀管器两部分构成。二者通过钻杆螺纹连接，这种结构的优点是液压胀管器的可重复利用率高，节约了加工成本，又实现分瓣胀管器的系列化。

液压胀管器结构：液压胀管器的具体结构如图5-18所示。该工具主要由三大部分组成，上部为泄压部分，在液缸移动一个工作行程后能自动泄压而停止工作；中间为液缸，其作用是产生向下的轴向推力，图5-18所示为一级液缸的结构示意图，实际工具可以依据需要增加液缸的数量；第三部分为球座，主要起密封作用，正常下井时可以带着球下入，也可以下到位后再投球。

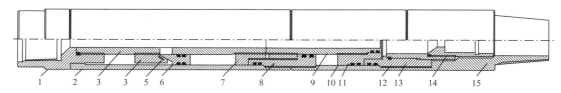

图5-18　液压胀管器一级液缸结构示意图

1—上接头；2—上油缸；3—上中心管；4—密封环座；5—密封圈；6—活塞；7—中心管接头；8—柱塞；9—内中心管；
10—下油缸；11—下挡头；12—连接套；13—下中心管；14—球座；15—下接头

分瓣胀管器结构：分瓣胀管器的具体结构如图5-19所示。其中，内锥体和外锥体配合，在轴向推力的作用下完成变形套管的整形，内外锥体的设计解决了整体式胀管器容易遇卡的问题。分瓣锥体外锥面形状依据理论计算结果和室内试验进行优化，在保证工具强度的前提下，能够达到最佳的整形效果。工具前端的探针可以保证工具顺利引进变形井段。

2. 工作原理

工作时，先将连接好的管柱下到油井内的预定位置，地面加压，液压缸组将地面水泥车的液压力转换成轴向机械推力作用于液压胀管器下接头，并通过它将推力传递到分瓣式胀管器的内外锥体上，锥体将轴向推力转化成径向扩张力，变形套管在分瓣锥体径向扩张力的作用下膨胀，复原。当液压胀管器达到额定工作行程后泄压，可以自由地上提或下放管柱。如果下放管柱仍然无法通过套管变形部位，可以继续从油管打压，重复上述过程。整形过程中如果整形工具遇卡，油管泄压，上提管柱，探针上移，分瓣锥体收缩解卡。

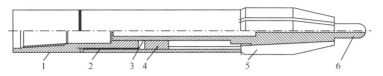

图 5-19 分瓣式胀管器结构简图

1—上接头；2—外套；3—中心内锥体；4—外锥体接头；5—分瓣锥体；6—探针

3. 技术指标及工艺特点

液压机构总长：2657mm；胀管机构总长：682mm；液压胀管器刚体最大外径：105mm；分瓣胀管器外径规格：105~156mm 系列；额定工作压力：20MPa；液缸额定轴向推力：466kN；柱塞额定行程：288mm；液压胀管器与分瓣胀管器连接螺纹：$2\frac{7}{8}$IF。

工艺特点：具有复位功能，可以实现长距离连续整形；泄压装置使施工过程显示明显，便于现场操作。

参 考 文 献

［1］刘成林，李景明，李剑，等.中国天然气资源研究［J］.西南石油学院学报，2004，26（1）：9-12.

［2］李荣，孟英峰，罗勇，等.页岩三轴蠕变实验及结果应用［J］.西南石油大学学报，2007，29（3）：57-59.

［3］周文，闫长辉，王世泽，等.油气藏现今地应力场评价方法及应用［M］.北京：地质出版社，2007.

［4］张金川，汪宗余，聂海宽，等.页岩气及其勘探研究意义［J］.现代地质，2008，22（4）：640-644.

［5］张金川，聂海宽，徐波，等.四川盆地页岩气成藏地质条件［J］.天然气工业，2008，28（2）：151-156.

［6］陈朝伟，石林，项德贵.长宁—威远页岩气示范区套管变形机理及对策［J］.天然气工业，2016，36（11）：70-75.

［7］王素玲，杨磊.页岩层剪切套损的数值模拟及影响因素分析［J］.石油机械，2018，46（1）：100-105.

［8］陈朝伟，王鹏飞，项德贵.基于震源机制关系的长宁—威远区块套管变形分析［J］.石油钻探技术，2017，45（4）：110-114.

［9］李留伟，王高成，练章华，等.页岩气水平井生产套管变形机理及工程应对方案——以昭通国家级页岩气示范区黄金坝区块为例［J］.天然气工业，2017，37（11）：91-99.

［10］郭雪利，李军，柳贡慧，等.基于震源机制的页岩气压裂井套管变形机理［J］.断块油气田，2018，25（5）：665-669.

［11］Hu C Y，Ai C，Tao F Y，et al. Optimization of well completion method and casing design parameters to delay casing impairment caused by formation slippage［C］. SPE/IADC Middle EastDrilling Technology Conference and Exhibition，2016.

［12］石学文，佟彦明，刘文平，等.页岩储层地震尺度断裂系统分析及其石油地质意义——以四川盆地长宁地区宁201井区为例［J］.海相油气地质，2019，24（4）：87-96.

［13］李宏伟，白雪莲，崔京彬，等.蚂蚁属性优化断层识别技术［J］.煤田地质与勘探，2019，47（6）：174-179.

［14］马德波，赵一民，张银涛，等.最大似然属性在断裂识别中的应用——以塔里木盆地哈拉哈塘地区热瓦普区块奥陶系走滑断裂的识别为例［J］.天然气地球科学，2018，29（6）：817-825.

［15］梁志强.不同尺度裂缝的叠后地震预测技术研究［J］.石油物探，2019，58（5）：766-772.

［16］苟量，彭真明.小波多尺度边缘检测及其在裂缝预测中的应用［J］.石油地球物理勘探，2005，40（3）：309-313.

［17］刘传虎.地震相干分析技术在裂缝油气藏预测中的应用［J］.石油地球物理勘探，2001，36（2）：238-244.

［18］王世星.高精度地震曲率体计算技术与应用［J］.石油地球物理勘探，2012，47（6）：965-972.

［19］盛新丽.基于三维地震曲率的小断裂识别方法［J］.中国煤炭地质，2018，30（S1）：109-112.

［20］余攀，彭兴和，曾维望.基于断裂似然体属性精细识别小断裂构造［J］.煤炭与化工，2018，41（12）：59-63.

［21］曲寿利，季玉新，王鑫，等.全方位P波属性裂缝检测方法［J］.石油地球物理勘探，2001，36（4）：390-397.

［22］梁志强，王世星，郝奇.基于TTI介质的P波剩余时差裂缝检测技术正演模拟研究［J］.石油物探，2013，52（4）：347-353.

［23］马克D，佐白科.储层地质力学［M］.石林，陈朝伟，刘玉石，等译.北京：石油工业出版社，2012.

［24］Jaeger J C. The frictional properties of joints in rock［J］. Geofisica Purae Applicata，1959，43（1）：148−158.

［25］Mogi K. On the pressure dependence of strength of rocks and the coulomb fracture criterion［J］. Tectonophysics，1974，21（3）：273−285.

［26］张健勇，崔振东，周健，等.流体注入工程诱发断层活化的风险评估方法［J］.天然气工业，2018，38（8）：33−40.

［27］Barton C A，Zoback M D，Moos D. Fluid flow along potentially active faults in crystalline rock［J］. Geology，1995，23（8）：683−686.

［28］《页岩气地质与勘探开发实践丛书》编委会.北美地区页岩气勘探开发新进展［M］.北京：石油工业出版社，2009：1−271.

［29］潘继平.页岩气开发现状及发展前景［J］.国际石油经济，2009，17（11）：12−15.

［30］沈镭，刘立涛.中国能源政策可持续性评价与发展路径选择［J］.资源科学，2009，31（8）：1264−1271.

［31］吴伟，谢军，石学文，等.川东北亚溪地区五峰组—龙马溪组页岩气成藏条件与勘探前景［J］.天然气地球科学，2009，28（5）：734−743.

［32］张金川，姜生玲，唐玄，等.我国页岩气富集类型及资源特点［J］.天然气工业，2009，29（12）：109−114.

［33］朱华，姜文利，边瑞康，等.页岩气资源评价方法体系及其应用——以川西坳陷为例［J］.天然气工业，2009，29（12）：130−134.

［34］崔青.美国页岩气压裂增产技术［J］.石油化工应用，2010，29（10）：1−3.

［35］国际能源署.2015年前非经合组织石油需求将超过经合组织［J］.世界石油工业，2010，17（5）：12−17.

［36］蒋裕强，董大忠，漆麟，等.页岩气储层的基本特征及其评价［J］.天然气工业，2010，30（10）：7−12.

［37］蒲泊伶，蒋有录，王毅，等.四川盆地下志留统龙马溪组页岩气成藏条件及有利地区分析［J］.石油学报，2010（2）：225−230.

［38］邹才能，董大忠，王社教，等.中国页岩气形成机理、地质特征及资源潜力［J］.石油勘探与开发，2010，37（6）：641−653.

［39］邹才能，张光亚，陶士振，等.全球油气勘探领域地质特征、重大发现及非常规石油地质［J］.石油勘探与开发，2010，37（2）：129−145.

［40］崔思华，班凡生，袁光杰.页岩气钻完井技术现状及难点分析［J］.天然气工业，2011，31（4）：72−75.

［41］董大忠，邹才能，李建忠，等.页岩气资源潜力与勘探开发前景［J］.地质通报，2011，31（2）：324−336.

［42］梁兴，叶熙，张介辉，等.滇黔北坳陷威信凹陷页岩气成藏条件分析与有利区优选［J］.石油勘探与开发，2011，38（6）：693−699.

［43］刘振武，撒利明，杨晓，等.页岩气勘探开发对地球物理技术的需求［J］.石油地球物理勘探，2011，46（5）：810−818.

［44］马超群，黄磊，范虎，等.页岩气井压裂技术及其效果评价［J］.石油化工应用，2011，30（5）：1−3.

［45］陈新军，包书景，侯读杰，等.页岩气资源评价方法与关键参数探讨［J］.石油勘探与开发，2012，39（5）：566−571.

［46］Kanamori H，Anderson D L. Theoretical basis of some empirical relations in seismology［J］. Bull. Seismol. Am.，1975，65（5）：1073−1095.

［47］董大忠，邹才能，杨桦，等.中国页岩气勘探开发进展与发展前景［J］.石油学报，2012，33（增刊1）：107-114.

［48］Yusuke Mukuhira，Hiroshi Asanuma，Hiroaki Niitsuma，et al. Characteristics of large-magnitude microseismic events recorded during and after stimulation of a geothermal reservoir at Basel，Switzerland［J］.Geothermics，2013，45（Jan.）：1-17.

［49］冯连勇，邢彦姣，王建良，等.美国页岩气开发中的环境与监管问题及其启示［J］.天然气工业，2012，32（9）：102-105.

［50］陕亮，张万益，罗晓玲，等.页岩气储层压裂改造关键技术及发展趋势［J］.地质科技情报，2013（2）：156-162.

［51］谢军.长宁—威远国家级页岩气示范区建设实践与成效［J］.天然气工业，2014，38（2）：1-7.

［52］徐向华，王健，李茗，等.Appalachian盆地页岩油气勘探开发潜力评价［J］.资源与产业，2014，16（6）：62-70.

［53］姚健欢，姚猛，赵超，等.新型"井工厂"技术开发页岩气优势探讨［J］.天然气与石油，2014，32（5）：52-54.

［54］肖波，尹诗溢.页岩气平台工厂化批量作业模式在威远区块的应用与实践［J］.石化技术，2015，22（10）：127-128.

［55］陈祖庆，杨鸿飞，王静波，等.页岩气高精度三维地震勘探技术的应用于探讨——以四川盆地焦石坝大型页岩气田勘探实践为例［J］.天然气工业，2016，36（2）：9-20.

［56］陈志鹏，梁兴，王高成，等.旋转地质导向技术在水平井中的应用及体会——以昭通页岩气示范区为例［J］.天然气工业，2015，35（12）：64-70.

［57］刘乃震，王国勇.四川盆地威远区块页岩气甜点厘定与精准导向钻井［J］.石油勘探与开发，2016，43（6）：978-985.

［58］刘旭礼.页岩气水平井钻井的随钻地质导向方法［J］.天然气工业，2016，36（5）：69-73.

［59］杨洪志，张小涛，陈满，等.四川盆地长宁区块页岩气水平井地质目标关键技术参数优化［J］.天然气工业，2016，36（8）：60-65.

［60］袁进平，于永金，刘硕琼，等.威远区块页岩气水平井固井技术难点及其对策［J］.天然气工业，2016，36（3）：55-62.

［61］赵圣贤，杨跃明，张鉴，等.四川盆地下志留统龙马溪组页岩小层划分与储层精细对比［J］.天然气地球科学，2016，27（3）：470-487.

［62］董大忠，王玉满，黄旭楠，等.中国页岩气地质特征、资源评价方法及关键参数［J］.天然气地球科学，2016，27（9）：1583-1601.

［63］黄金亮，董大忠，李建忠，等.陆相页岩储层特征及其影响因素：以四川盆地上三叠统须家河组页岩为例［J］.地学前缘，2016，23（2）：158-166.

［64］李军龙，何吻宾，袁操，等.页岩气藏水平井组"工厂化"压裂模式实践与探讨［J］钻采工艺，2017，40（1）：47-52.

［65］梁峰，王红岩，拜文华，等.川南地区五峰组—龙马溪组页岩笔石带对比及沉积特征［J］.天然气工业，2017，37（7）：20-26.

［66］梁兴，王高成，张介辉，等.昭通国家级示范区页岩气一体化高效开发模式及实践启示［J］.中国石油勘探，2017，22（1）：29-37.

［67］梁兴，朱炬辉，石孝志，等.缝内填砂暂堵分段体积压裂技术在页岩气水平井中的应用［J］.天然气工业，2017，37（1）：82-89.

［68］聂海宽，金之钧，马鑫，等.四川盆地及邻区上奥陶统五峰组—下志留统龙马溪组底部笔石带及沉

积特征［J］.石油学报，2017，38（2）：160-174.

［69］腾格尔，申宝剑，俞凌杰，等.四川盆地五峰组—龙马溪组页岩气形成与聚集机理［J］.石油勘探与开发，2017，44（1）：69-78.

［70］王香增，周进松.鄂尔多斯盆地东南部下二叠统山西组二段物源体系及沉积演化模式［J］.天然气工业，2017，37（11）：9-17.

［71］吴宗国，梁兴，董健毅，等.三维地质导向在地质工程一体化实践中的应用［J］.中国石油勘探，2017（1）：89-98.

［72］鲜成钢，张介辉，陈欣，等.地质力学在地质工程一体化中的应用［J］.中国石油勘探，2017，22（1）：75-88.

［73］韩慧芬，贺秋云，王良.长宁区块页岩气井排液技术现状及攻关方向探讨［J］.钻采工艺，2017，40（4）：69-71.

［74］谢军.关键技术进步促进页岩气产业快速发展——以长宁—威远国家级页岩气示范区为例［J］.天然气工业，2017，37（12）：1-10.

［75］谢军，赵圣贤，石学文，等.四川盆地页岩气水平井高产的地质主控因素［J］.地质勘探，2017，37（3）：1-12.

［76］徐政语，梁兴，蒋恕，等.南方海相页岩气甜点控因分析［C］.2017年全国天然气学术年会论文集，2017.

［77］徐政语，梁兴，王希友，等.四川盆地罗场向斜黄金坝建产区五峰组—龙马溪组页岩气藏特征［J］.石油与天然气地质，2017，38（1）：132-143.

［78］杨毅，刘俊辰，曾波，等.页岩气井套变段体积压裂技术应用及优选［J］.石油机械，2017，45（12）：82-87.

［79］于晓.推进"能源革命"需要深化供给侧结构性改革［J］.能源研究与利用，2017（2）：75-79.

［80］李德旗，何封，欧维宇，等.页岩气水平井缝内砂塞分段工艺的增产机理［J］.天然气工业，2018，38（1）：56-66.

［81］周正武，董振国，吴德山.地质工程一体化和旋转导向钻井在页岩气勘探的实践［C］.中国煤炭学会钻探工程专业委员会2018年钻探工程学术研讨会论文集，2018.

［82］姚猛，胡嘉，李勇，等.页岩气藏生产井产量递减规律研究［J］.天然气与石油，2014，32（1）：63-66.

［83］殷晟.川南地区页岩气水平井井眼轨迹优化设计研究［D］.成都：西南石油大学，2014：33-67.

［84］赵常青，谭宾，曾凡坤，等.长宁—威远页岩气示范区水平井固井技术［J］.断块油气田，2014，21（2）：256-258.

［85］邹才能，董大忠，王玉满，等.中国页岩气特征、挑战及前景（一）［J］.石油勘探与开发，2015，42（6）：689-701.

［86］郭焦锋，高世楫，赵文智，等.我国页岩气已具备大规模商业开发条件［J］.新重庆，2015（5）：21-23.

［87］郭少斌，付娟娟，高丹，等.中国海陆交互相页岩气研究现状与展望［J］.石油实验地质，2015，37（5）：535-540.

［88］李明，褚宗阳.黑星电磁波随钻测量仪器工作原理及现场应用［J］.工程技术，2015（58）：267-267.

［89］刘若冰，李宇平，王强，等.超压对川东南地区五峰组—龙马溪组页岩储层影响分析［J］.沉积学报，2015，33（4）：817-827.

［90］刘若冰.中国首个大型页岩气田典型特征［J］.天然气地球科学，2015，26（8）：1488-1498.

［91］刘伟.四川长宁页岩气"工厂化"钻井技术探讨［J］.钻采工艺，2015，38（4）：24-27.

［92］刘伟，陶谦，丁士东.页岩气水平井固井技术难点分析与对策［J］.石油钻采工艺，2015，34（3）：40-43.

［93］吴奇，梁兴，鲜成钢，等.地质—工程一体化高效开发中国南方海相页岩气［J］.中国石油勘探，2015，20（4）：1-23.

［94］Keiiti Aki，Paul G Richards. Quantitative Seismology［R］. Lamont-Doherty Earth Observatory of Columbia University，1980.

［95］David M Boore，John Boatwright. Average body-wave radiation coefficients［J］. Bulletin of the Seismological Society of America，1984，74（5）：1615-1621.